KNABSTRUPPER

BENT BRANDERUP

CADMOS

HAFTUNGSAUSCHLUSS:
AUTOR UND VERLAG HABEN DEN INHALT DIESES BUCHES MIT GROSSER SORGFALT UND NACH BESTEM WISSEN UND GEWISSEN ZUSAMMENGESTELLT. FÜR EVENTUELLE SCHÄDEN AN MENSCH UND TIER, DIE ALS FOLGE VON HANDLUNGEN UND/ODER GEFASSTEN BESCHLÜSSEN AUFGRUND DER GEGEBENEN INFORMATIONEN ENTSTEHEN, KANN DENNOCH KEINE HAFTUNG ÜBERNOMMEN WERDEN.

IMPRESSUM

GESTALTUNG: WWW.RAVENSTEIN2.DE
FOTOS: AUS DEM ARCHIV VON BENT BRANDERUP,
NICOLE SACHS, SILKE GOTTSCHALK,
MERETE NORRING, STIG BENZON,
NATIONALHISTORISKE MUSEUM PÅ FREDERIKSBORG
SCHLOSS ROSENBORG
DRUCK UND BINDUNG: DRUCK KN DIGITAL PRINTFORCE GMBH,
FERDINAND-JÜHLKE-STRASSE 7, D-99095 ERFURT

DEUTSCHE NATIONALBIBLIOTHEK – CIP-EINHEITSAUFNAHME
DIE DEUTSCHE NATIONALBIBLIOTHEK VERZEICHNET DIESE PUBLIKATION IN DER DEUTSCHEN NATIONALBIBLIOGRAFIE; DETAILLIERTE BIBLIOGRAFISCHE DATEN SIND IM INTERNET ÜBER HTTP://DNB.DDB.DE ABRUFBAR.

ISBN 978-3-8404-0004-9, BROSCHUR, INHALT FARBIG
ISBN 978-3-8404-0003-2, BROSCHUR, INHALT S/W

INHALT

VORWORT	8
CHARAKTER UND EIGENARTEN	10
EXTERIEUR	12
VERWENDUNG	19
GETIGERTE WILDPFERDE IN VORGESCHICHTLICHER ZEIT	21
WIKINGERZEIT UND MITTELALTER	22
GRÜNDUNG DES GESTÜTS FREDERIKSBORG	23
DIE BLÜTEZEIT DER DÄNISCHEN BAROCKPFERDE	24
DAS ENDE DES GESTÜTS FREDERIKSBORG	32
LØVENBORG	35
GUT KNABSTRUP	38
KNABSTRUPPER IN DER ERSTEN HÄLFTE DES 19. JAHRHUNDERTS	39
KNABSTRUPPER ALS OFFIZIERSPFERDE	44
DAS ENDE VON GUT KNABSTRUP	45
DAS ERBE VON GUT KNABSTRUP	45
DIE HENGSTLINIE HERMOLIN	46
DIE HENGSTLINIE THOR UDEBY/HUGIN	49
DIE HENGSTLINIE SILVERKING	51
AUSSTERBEN ODER ÜBERLEBEN?	54
TIPS FÜR DEN KAUF EINES KNABSTRUPPERS	55
ZU GUTER LETZT	58
BIBLIOGRAPHIE	59

Vorwort

Ich war gerade eineinhalb Jahre alt, als ich zum Erstaunen meiner Eltern zu Weihnachten nach einem Pferd verlangte. Mit fünf Jahren kam ich dann in das Alter der großen Enttäuschungen - der Storch bringt nicht die kleinen Kinder und der Weihnachtsmann auch nicht die Geschenke. Aber die Pferde von Pippi Langstrumpf, die gab es wirklich! Ich begegnete ihnen, wenn ich im Sommer die Ferien auf dem Hof meines Onkels verbrachte, der statt Traktoren nur Pferde auf seinem Hof duldete. Knabstrupper gekreuzt mit schweren Oldenburgern, waren die große Liebe meiner Kindheit.

So war ich besonders stolz, als ich im Alter von fünfzehn Jahren meinen Onkel zu einer Kutschfahrt einladen konnte, mit einer selbst restaurierten Kutsche und einer selbst eingefahrenen Knabstrupperstute davor. Leider war es nicht mein eigenes Pferd. Erst als ich nach meiner Ausbildung an der Königlichen Andalusischen Schule für Reitkunst aus Spanien nach Dänemark zurückkehrte, konnte ich meinen Traum vom eigenen Knabstrupper verwirklichen.

Für viele war es unverständlich, daß ich den Pferden meiner Kindheit treu blieb, hatte ich doch auf meinen Reisen mit Begeisterung über Rassen aus aller Welt

Die Knabstrupperstute Pippi, die große Liebe meiner Kindheit.

Die Knabstrupperstute Frufru begleitete mich durch meine Jugend.

berichtet und während meiner Ausbildung von den Pferden von Domecq und Oliveira geschwärmt. Dabei sprach ich immer von deren Pferden. Meine Pferde waren solche, die der naiven farbenfrohen Phantasie eines Kindes entspringen, Pferde, deren schillernde Erscheinung in der dänischen Geschichte stets an ebensolche Persönlichkeiten geknüpft war.

Ich wollte ein Pferd, das keinem anderen ähnlich ist - ich wollte einen Knabstrupper! Und jeder Knabstrupperbesitzer weiß, daß keines dieser Pferde wie das andere ist, jedes ein Unikat.

Bent Branderup

Erst als Erwachsener wurde der Traum vom eigenen Knabstrupper wahr.

Charakter und Eigenarten

Jeder kann auf den ersten Blick sehen, daß der Knabstrupper äußerlich seine Eigenart durch seine Farbe hat. Daß sein Interieur, also sein Charakter, oft genauso eigenartig ist, bemerkt man meistens erst zu spät. Woran dies liegt, darüber streiten die Knabstrupperbesitzer - denn jeder Knabstrupper ist ja anders! Daß man aber noch nie ein solches Pferd hatte, darüber sind sich alle einig!

Lassen Sie mich Ihnen von meinem alten "Prins" erzählen. Er teilte seine Menschen in drei Kategorien auf:

1) Menschen, die er mochte - für diese tat er alles und war das beste Pferd der Welt.

2) Menschen, die ihm egal waren - diese konnten mit ihm umgehen, sollten ihn aber nicht ärgern. Er war mit Vorsicht zu genießen.

3) Menschen, die er nicht mochte - diese konnten auch Gefahr laufen, von ihm angegriffen zu werden. Für diese war er eine lebensgefährliche, menschenfressende Bestie. Jede der drei Beschreibungen würde je nach Situation haargenau auf dasselbe Pferd passen.

Sehen Sie in die Augen einer Katze, so wird diese oft auf Sie herabsehen. Sehen Sie in die Augen eines Hundes, so wird dieser oft zu Ihnen heraufsehen. Sehen Sie aber in die Menschenaugen eines Knabstruppers, so werden Sie erleben, sich direkt Auge in Auge anzusehen. So könnte eine Partnerschaft entstehen, wie man sie nicht oft zwischen Mensch und Pferd findet. Versäumen Sie aber Ihre Autorität auszuüben, dann gewinnt der Knabstrupper sofort die Oberhand - und

Sie haben Probleme! Versuchen Sie aber den Knabstrupper zu knechten, bekommen Sie noch größere Probleme!

Knabstrupper können, wenn sie sich unterfordert fühlen, auf die eigenartigsten Ideen kommen. So kennt der Knabstrupperwallach, der einem meiner Schüler gehört, keine größere Gaudi, als seinem Reiter während des Putzens mit dem Vorderbein nach den Kniekehlen zu angeln, wobei es ihm fast immer gelingt, den Nichtsahnenden zu Fall zu bringen. Kann man dem Knabstrupper aber einen Lebensinhalt bieten, sein Interesse gewinnen, ihn an eine Aufgabe heranziehen, so kann man erleben, daß er sich mit großer Passion dieser Aufgabe widmet.

So war es eher sein Charakter als die Qualität oder Farbe, die den Knabstrupper über Jahrhunderte begehrt machte. Diese Charaktereigenschaften können ihn heute auch zu einem guten Sport- oder Freizeitpartner machen. Als Besitzer oder Reiter müssen Sie aber bereit sein - wie in jeder Partnerschaft - mit den Eigenarten Ihres Partners zu leben.

Der Knabstrupper ist im positiven wie im negativen Sinne ein ausgesprochenes Original. Er nimmt in den richtigen Händen seine Aufgabe mit Leib und Seele wahr, ob in der Hohen Schule oder als Kindertherapiepferd. Er kann aber unter der Führung eines ungeschickten Reiters genauso gnadenlos zeigen, wer der Klügere ist.

Exterieur

Die grafische Darstellung des Reiterstandbildes von Saly zeigt das klassische dänische Pferd (Foto des Originals siehe Seite ....)

Typ

Es ist sehr schwierig, sich den idealen Knabstrupper-Typ vorzustellen, da es einen reingezogenen Knabstrupper nicht mehr gibt und auch die Ursprungsrasse - der Frederiksborger - sich typmäßig geändert hat.

Die Zucht erstreckt sich über sehr uneinheitliche Typen, sogar Minizüchtungen. Ich selber freue mich jeden Tag über ein paar gelungene "Mini-Strupper". Historisch gesehen haben diese aber genauso wenig mit dem klassischen Knabstrupper zu tun wie der moderne "Sport-Strupper". Ich kann akzeptieren, daß einige Züchter mit der Zeit gehen möchten, aber der Sinn dieses Buches und meine Bestrebungen zielen eher darauf hin, den klassischen Knabstrupper zu beschreiben, wie er war und wie er hoffentlich bewahrt oder rekonstruiert werden kann, statt momentanen Modeströmungen nachzugehen.

Auf der Suche nach dem historischen Knabstruppertyp hilft uns ein Monument von überragender Bedeutung - das große Reiterstandbild auf Schloß Amalienborg in Kopenhagen. Der französische Bildhauer Saly schuf damit ein originalgetreues Abbild des dänischen Idealpferdes in der Zeit um 1750. Das Idealpferd hatte ein Stockmaß von ca. 155 Zentimeter. Hjalmer Friis beschreibt das Standbild folgendermaßen: *"....ein anatomisch fast fehlerfreies, harmonisch wohlgebautes Pferd, mit einem nicht ganz mittelgroßen Ramskopf, schön vereint mit einem frei angesetzten, wohlaufgerichteten, etwas kräftigem Hals, Schulter schräg festliegend, mit abgerundeter Widerristpartie. Tiefe, breite Brust, Rücken etwas lang. Lende breit und kräftig bemuskelt. Hinterhand mittellang, breit mit kräftiger Regenrinne, abschüssig mit tiefangesetztem, etwas eingestecktem, aber schön geführtem, haarreichen Schweif, kräftige Gliedmaßen."*

Typmäßig entsprach der damalige Frederiksborger, und damit auch die Zucht auf den Adels- und Gutsgestüten - hierunter auch Gut Knabstrup -, den anderen europäischen Barockpferderassen, die uns in den iberischen Pferden und dem Lipizzaner bis heute erhalten geblieben sind.

Farbe

Ein gutes Pferd hat keine Farbe, lautet ein altes Sprichwort, das auf Knabstrupper aber nur bedingt zutrifft. Ein Knabstrupper ist nicht immer getigert, aber nicht jedes getigerte Pferd ist ein Knabstrupper. Unabhängig davon, ob es in Zukunft Knabstrupper geben wird, werden getigerte Pferde auch weiterhin ihre Liebhaber finden.

Einige amerikanische Forscher haben sich oberflächlich mit der Genetik der Appaloosas beschäftigt - ohne zufriedenstellende Ergebnisse. Während Forschungsarbeiten über die Farbvererbung bei einer getigerten Taubenart auf ein Vererbungsmodell, das auch auf den Knabstrupper zutreffen könnte, schließen läßt. Somit sollten züchterische Erfahrungen und statistische Ergebnisse der Zucht als Grundlage für eine vereinfachte Erklärung der Farbvererbung herangezogen werden.

Man stelle sich vor, daß über ein Pferd einer beliebigen Farbe eine weiße Decke gelegt wird. In dieser Decke sind Löcher, so daß man die darunterliegende Farbe als Flecken wahrnimmt.
Ist die Farbvererbung schwach, so ist diese "Decke" klein und liegt nur über der Kruppe *(Schabracktiger)*.
Ist die Farbvererbung stärker, so liegt die "Decke" über dem gesamten Pferd *(Volltiger)*.

Bei sehr starker Farbvererbung ziehen sich die "Löcher" zusammen und es entsteht ein Weißgeborener. Der Weißgeborene ist weder ein Schimmel noch ein Albino, sondern einfach ein Tigerschecke ohne oder mit nur sehr wenigen Flecken. Bei ganz geringer Farbvererbung können Fragmente der weißen "Decke" auf dem Körper als weiße Flecken zurückbleiben *(Schneeflocktiger)* oder ein Tier hat gar keine "Decke" geerbt, d.h. es ist einfarbig braun, Rappe oder Fuchs.

Oben: Rapptiger

Unten:Brauntiger

Fuchstiger

Weißgeborener

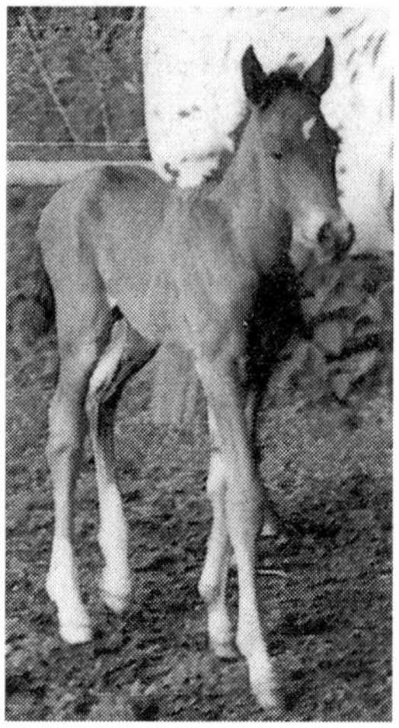

Einfarbig (braun)

Schnee auf der Kruppe

Schabracktiger

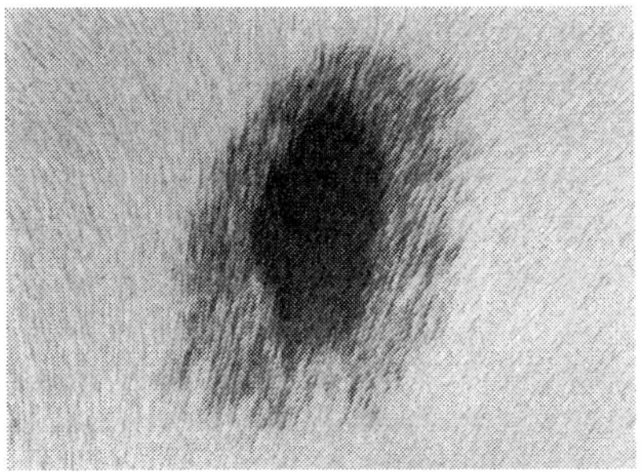

Pfauenauge

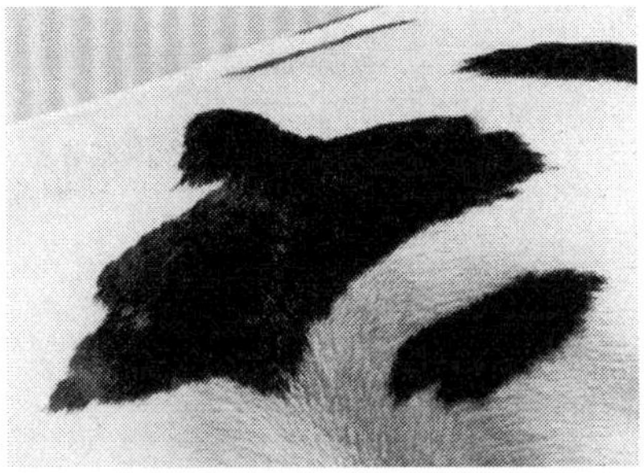

Schmetterlingsfleck

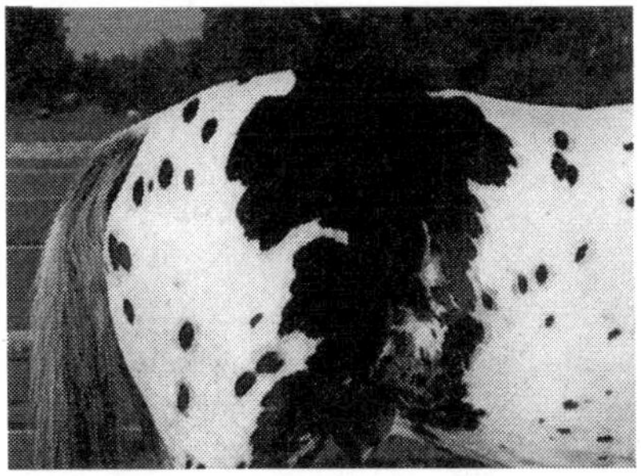

Riesenfleck

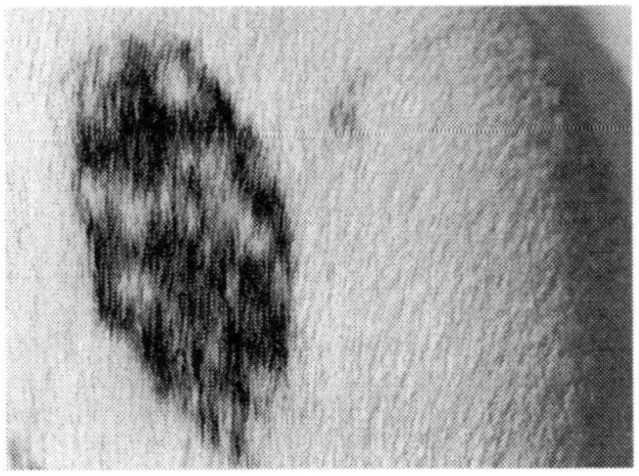

melierter Fleck

Erwünschte Farben

Flecktypen

Die Palominoflecken, die nahezu jeder Knabstrupper aufweist, gehören nicht zur Grundfarbe, sondern wie die Melierungen zum Mantel. Die Überlieferung sagt, daß der Vater des "Flæbehengstes", der gelbe "Bæveren" auf Løvenborg, allen seinen Nachfahren diesen Palominofleck als Adelssignet mitgegeben hat. Genetisch gesehen ist dies recht unwahrscheinlich, aber die Geschichte ist sehr ansprechend, und die vereinzelten Palominoflecken sind eher eine Bereicherung der Zucht als ein störender Faktor in der Vererbung.

Randgenetik

Da das Wissen über die Farbvererbung der getigerten Pferde sowohl heute als auch in der Vergangenheit unter den Züchtern sehr mangelhaft ist bzw. war, haben sich viele Randgenetiken, d.h. Farbphänomene, mit in die Farbvererbung hineingeschlichen, ohne direkte Verbindung zur Hauptvererbung zu haben, und sind nun schwierig von der eigentlichen, erwünschten Farbvererbung zu trennen.

Ich habe noch nie ein getigertes Pferd gesehen, das keine Menschenaugen hatte. Es scheint, daß Menschenaugen zum getigerten Pferd dazugehoren.

Gestreifte Hufe entstehen dagegen eher zufällig. Immer dort, wo ein Pferd am Kronrand dunkel ist, entsteht auch im Huf dunkles Pigment, während dort, wo der Kronrand hell ist, auch der Huf hell sein wird.

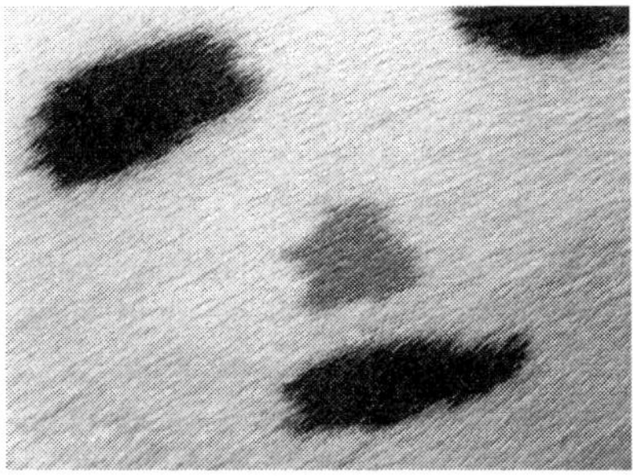

Palominofleck, umgeben von schwarzen Flecken

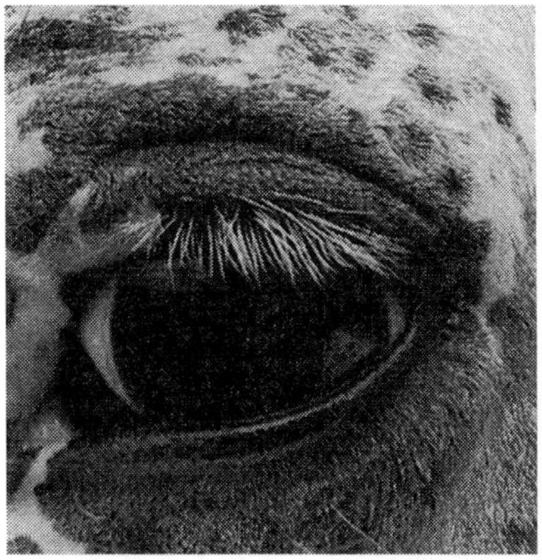

Menschenauge

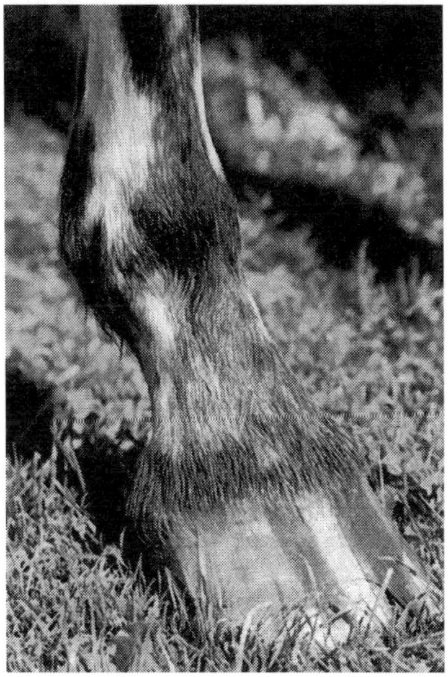

gestreifter Huf

SPRENKELUNGEN

Sprenkelungen an den natürlichen Öffnungen

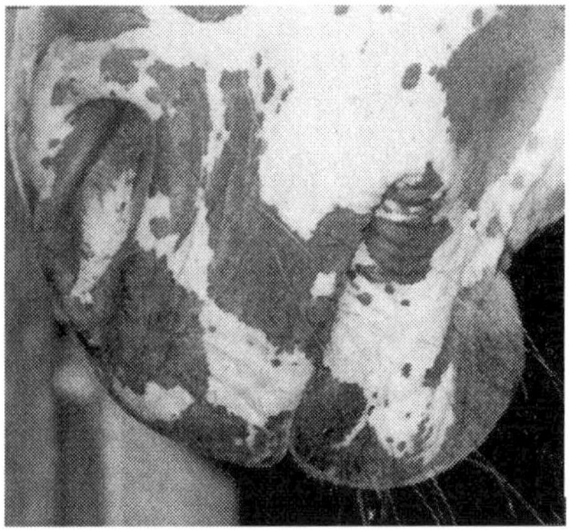

Flecken an den natürlichen Öffnungen

MELIERUNGEN

Melierungen gehören nicht zur Grundfarbe, sondern sind eher ein Defekt des weißen Mantels. Häufig ist bei diesen Pferden eine genaue Farbbeschreibung sehr schwierig, weswegen sie in Dänemark früher oft schelmisch "grün" genannt wurden.

Melierungen, die sich kaum verändern

Melierungen, die verschwinden

Melierungen über dem ganzen Körper, die mit dem Alter weniger werden (sog. Øllebrøds farvet) - nicht mit dem Dauerschimmel (=Roan) zu verwechseln

Karges Langhaar

Es scheint, daß die Melierungen einen weiteren negativen Effekt mit sich führen, denn melierte Pferde haben oft nur mangelhaftes Langhaar.

Unerwünschte Farbvarianten

Es können auch Farben unter den "weißen Mantel" gelangen, die absolut unerwünscht sind.

Für denjenigen, der sein Herz an die Knabstrupperzucht verloren hat, ist ein schöner Volltiger das Zuchtideal. Man darf aber nicht vergessen, daß auch ein meliertes oder gar einfarbiges Tier Erbgut trägt, das wesentlich zur Erhaltung der Rasse beitragen kann. Die Farbe ist zwar das wesentliche Kennzeichen dieser Rasse, macht aber allein die Rasse noch nicht aus. Schließlich gibt es auch andere wunderbare Pferderassen, die getigert sein können, wie Pinzgauer Noriker, Appaloosa oder Deutsches Reitpony - dadurch werden sie aber noch lange keine Knabstrupper.

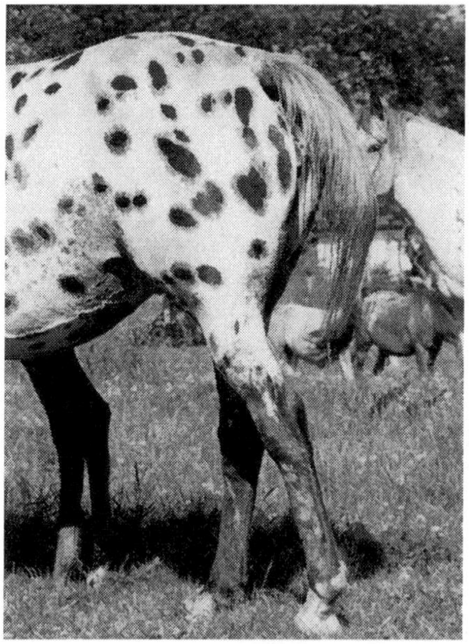

mangelhaftes Langhaar

volles Langhaar

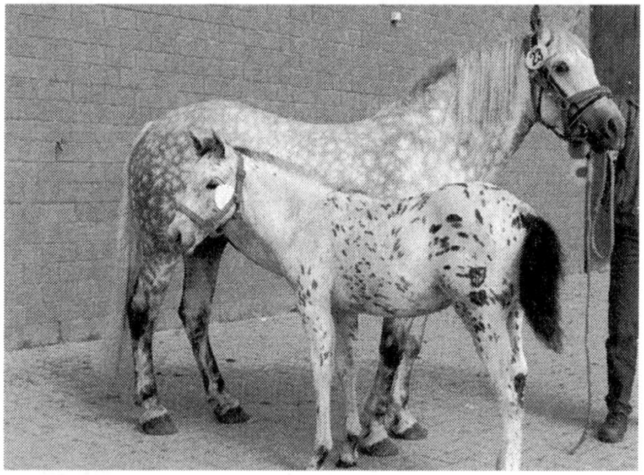

Schimmeltiger - die Flecken verblassen; zu erkennen an den in Haarrichtung länglichen und zusammenlaufenden Flecken

Kreuzung Plattenschecke x Tigerschecke. Wo kein "weißer Mantel" vorhanden ist, sieht man den Plattenschecken. Wo der "weiße Mantel" liegt, sind nur dort Tigerflecken vorhanden, wo der Plattenschecke auch dunkel gewesen wäre.

Der Knabstrupperhengst Freddy Knie als Fohlen

VERWENDUNG

Das getigerte dänische Pferd hatte über die Jahrhunderte verschiedene Verwendungen. Bis ins letzte Jahrhundert waren die Tigerschecken vorwiegend ein Privileg der Oberklasse und wurden zeitweilig zum Inbegriff von Dekadenz und Lebensfreude. Vorzugsweise fanden sie Verwendung für Ritterspiele und Karusselle. Gelegentlich bespannte man auch die Prachtkarossen mit getigerten Pferden, was aber seltener vorkam, da es schwierig war, gleichmäßig getigerte Pferde zu züchten oder zu kaufen. Die weißgeborene Farbvariante dagegen wurde das Staatskarossenpferd par excellence, um das sich jedes europäische Fürstenhaus bemühte. In Zeiten, als die Könige noch zur Krönung ritten, waren die Weißgeborenen auch das beliebteste Krönungspferd, später wurden sie bevorzugte Leibpferde vieler gekrönter Häupter.

Sowohl die Weißgeborenen als auch die getigerten Pferde fanden aber ihre besondere Aufgabe an der berühmten Hofreitschule auf Schloß Christiansborg, wo sie besonders unter Georg Simon Winter von Adlersflügel ihre Eignung in der klassischen Hohen Schule unter Beweis stellten. Es war dieses klassische Pferd mit seiner Eignung als leichtes Reit- und Fahrpferd, das Oberst Villars Lunn auf Knabstrup züchtete.

Während der Schleswigschen Kriege wurden Knabstrupper als Offizierspferde eingesetzt, was aber sehr ungünstig war, da diese ein zu leichtes Opfer der feindlichen Scharfschützen wurden.

Als das Königliche Gestüt Frederiksborg erlosch, wurde die Zucht in bäuerlicher Hand weitergeführt, wodurch die fürstlichen Pferde landwirtschaftliche Verwendung fanden, die Knabstrupper aber hauptsächlich auf leichten Böden oder als leichtes Gespannpferd. Durch die landwirtschaftliche Zucht in den Zwischenkriegsjahren entstanden oft kräftigere Schläge, die sich auch für schwere Arbeiten eigneten. Als dieser Verwendungszweck in der Nachkriegszeit verschwand, versuchte man durch Einkreuzung von Vollblut und Warmblut in der aufblühenden Turnierszene Fuß zu fassen, wo die Knabstrupper aber trotz ihrer Erfolge meistens belächelt wurden. Andere versuchten, das ursprüngliche klassische Reitpferd zu bewahren und fanden Hauptabnehmer in den Zirkussen aus aller Welt. Das einstige Hohe-Schule-Pferd war oft ein prädestiniertes Zirkuspferd, nicht nur aufgrund seiner Farbe, sondern auch wegen seiner Gelehrigkeit und seines Charakters. So wurde der Knabstrupper an Zirkusse in aller Welt exportiert, bis nach Australien und Amerika.

Als die Unterhaltungsbranche, hierunter auch der Zirkus, vom Fernsehen verdrängt wurde, verschwand eine der wichtigsten Verwendungen des Knabstruppers und damit einer der Hauptabnehmer der Züchter. Lange Zeit war der Knabstrupper fast völlig in Vergessenheit geraten, bis er von der neu aufblühenden Freizeitreiterszene wiederentdeckt wurde.

So ist der eigentliche heutige Verwender der gefleckten Fürstenpferde der Freizeitreiter. Jemand, der sich wie die alten Fürsten zu Lebensfreude bekennt und dies auch durch die Farben seines Pferdes zum Ausdruck kommen läßt. Im Bereich der Freizeitreiterei beweist der Knabstrupper seine Vielseitigkeit sowohl für alltägliche Pferdefreude als auch für höchste Ansprüche.

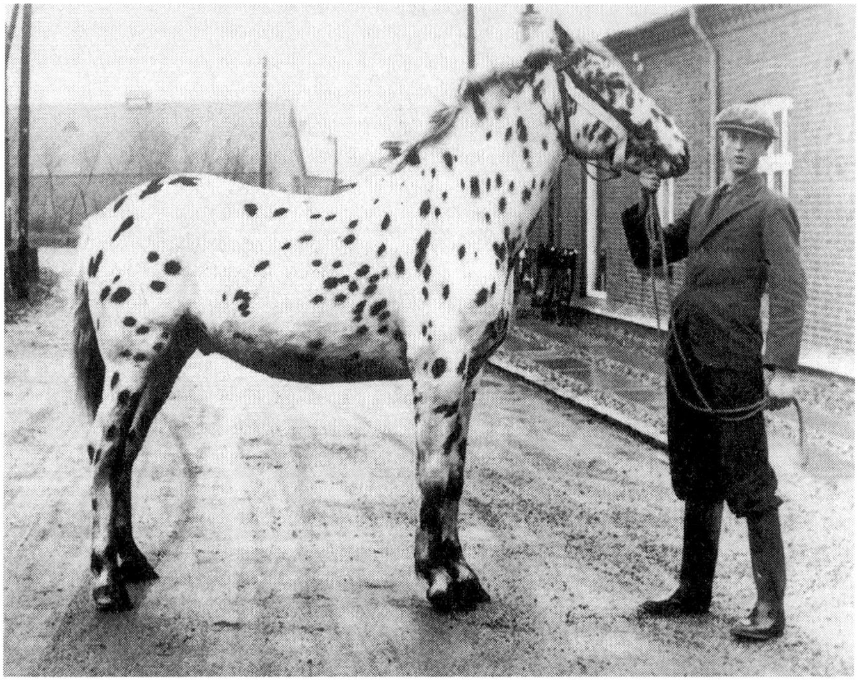

Oben:
Der 16-jährige Thage Revsgård Espersen auf dem Bahnhof von Jebjerg mit dem Junghengst Freddy Knie, nachdem er an den Zirkus verkauft worden war.Fotografiert 1935.

Unten:
Der Knabstrupperhengst Freddy Knie bei einer Vorführung im Zirkus.Fotografiert ca. 1955.

Grafische Überarbeitung der Höhlengemälde von Pêche Merle

Getigerte Wildpferde in vorgeschichtlicher Zeit

Vor knapp 20.000 Jahren, nach der vorletzten Eiszeit, lebten im südfranzösischen Raum Cromagnon-Steinzeitjäger, deren Höhlengemälde uns bis in die heutige Zeit erhalten sind. Auf diesen Höhlengemälden stellten die Steinzeitjäger ihre Beutetiere dar.

In den Höhlen von Las Caux und Pêche Merle sind getigerte Pferde dargestellt, was beweist, daß die Weißfärbung kein Domestikationszeichen ist, wie generell angenommen wird, sondern eine Urfarbe. Möglicherweise war es eine Tarnfarbe der Tiere, die am Eisrand lebten, genau wie andere weißfarbige Tiere (Schneeleopard, Hermelin, Eisbär, Schneehase usw.).

Als die Eismassen sich zurückzogen, war diese Tarnfarbe nicht länger nötig. Andersfarbige Pferde wanderten ein, die sich mit den Weißgeborenen mischten. So entstanden möglicherweise getigerte Pferde (siehe Kapitel Farbe) in einer Landschaft, in der sie ideal getarnt waren.

Nach den eingewanderten Pferden kamen die ersten Cromagnon-Steinzeitjäger, deren Staunen unvorstellbar gewesen sein muß, als sie die ersten getigerten Pferde sahen. Es ist schwierig, sich heute vorzustellen, was die damaligen Menschen bei dieser Begegnung gedacht haben. Auf jeden Fall führte sie zu kultischen und rituellen Handlungen, wobei die Steinzeitjäger die getigerten Pferde in verborgenen Winkeln ihrer Höhlen als Höhlengemälde verewigten.

Aus der Höhle von Pêche Merle stammt die hier gezeigte grafische Überarbeitung. Vielleicht zeigt dieses Höhlengemälde einen Hengst und eine tragende Stute, deren Fruchtbarkeit man durch die rituelle Darstellung stärken wollte. Ob durch die starke Magie der Cromagnon-Künstler oder durch andere Zufälle - getigerte Pferde gibt es heute noch.

Die Höhlengemälde beweisen, daß die Gene für getigerte Fellfarbe schon bei Wildpferden vorhanden war und durch die Wanderungen der Wildpferde eine weltweite Verbreitung fanden. Als Jahrtausende später die Pferde domestiziert wurden, war die Veranlagung für die getigerte Fellfarbe bereits vorhanden und kann durch züchterische Auswahl begünstigt worden sein.

Ob in China, Persien oder Europa - überall gab es, wenn auch selten, getigerte Pferde, schon in vorgeschichtlicher Zeit, auch in Dänemark, womit wir wieder auf den Spuren der Knabstrupper sind.

Die getigerten Pferde auf dem Fresko in der Kirche von Skibby symbolisieren Lebensfreude, Dekadenz und Hochmut.

Wikingerzeit und Mittelalter

Dänemark, das älteste bestehende Königreich der Welt, gilt traditionell als Seefahrernation, die durch die Wikinger der Welt das Fürchten lehrte und die dem Römerreich eine Grenze nach Norden bot. Auf den fruchtbaren Weiden grasten aber schon seit eh und je gute Pferde. Die Wikinger waren nicht nur gute Seefahrer, sondern sie waren auch sehr gut beritten, was durch Grab-Beigaben zu belegen ist. So findet man in den Gräbern Steigbügel, Sporen, Gebisse, Kutschen, Schlitten und, wie z.B. in Ladby auf der Insel Fünen, sogar ganze elf Pferde.

Als die Weltmacht der Dänen nach dem Tod von Knud dem Großen zusammenbrach, stritten sich die Unterkönige um das Reich. Eine dieser Schlachten ist uns in einer 100 Meter langen gewebten Darstellung erhalten, dem Teppich von Bayeux. Dort wird ausführlich dargestellt, wie Wilhelm der Eroberer im Jahr 1066 gegen Edward um England kämpfte. Schon hier können wir eine hoch entwickelte Reiterei beobachten, die nur unter Völkern entstehen konnte, die sich durch die Ausbildung und züchterische Selektion ihrer Pferde auf diese Aufgabe vorbereitete. Tatsächlich wird dies von den Notizen eines französischen Priesters belegt, der im 12. Jahrhundert an seinen König schrieb, daß die Dänen über eine hervorragende Zucht verfügten, die alles überragte, was er bisher gesehen hatte. Nach dem Ende der Wikingerzeit verfiel der Wohlstand Dänemarks und damit die allgemeine Pferdezucht, die fortan nur noch in den Händen des Adels und des Klerus ihre hohe Qualität erhalten konnte.

Schon die Wikinger betrieben selektive Zucht innerhalb der ursprünglichen Rasse und importierten einzelne Zuchthengste. Eine Tradition, die nur von sehr reichen Leuten und der Kirche gepflegt werden konnte, ebenso wie auch die Kunst. So gibt es in der Kirche von Skibby, unweit vom Gut Knabstrup, auf Seeland ein Fresko, das den Ritt von drei jungen Prinzen auf getigerten Pferden zeigt.

Dies zeigt, daß der Symbolismus der getigerten Pferde dem allgemeinen Kirchgänger ein Begriff gewesen sein muß. Die Pferde waren nicht nur im Bewußtsein der Menschen vorhanden, sondern müssen auch in der Realität existiert haben, damit der einfache Kirchgänger die bildliche Aussage des Freskos verstehen konnte.

Die Darstellung in Skibby trägt den Titel "Triumph des Todes" und zeigt, wie weltliche Dekadenz im Jenseits bestraft wird. Dies zeigt uns wiederum, daß getigerte Pferde als Ausdruck für Dekadenz, Reichtum, Übermut und Lebensfreude galten.

Schloß Frederiksborg

Gründung des Gestüts Frederiksborg

Als Dänemark 1536 reformiert wurde, fielen die geistlichen Besitztümer an die Krone. Auf Grundlage des ehemaligen Klostergestütes Esrom gründete Frederik II (1534 - 1569) das Königliche Gestüt Frederiksborg. Das unvergleichliche Renaissanceschloß Frederiksborg wurde von seinem Sohn, Christian IV (geb. 1577, gekrönt 1588, gestorben 1648) erbaut, unter dessen Regierung sich am dänischen Königshof eine noch nie dagewesene Pracht entfaltete, die ebenfalls prachtvolle Pferde verlangte.

Als Otto Bache Jahrhunderte später (1887) die Krönung Christians IV., dieses "Sonnenkönigs des Nordens", darstellte, wurde hier selbstverständlich posthum ein weißgeborener Hengst porträtiert, denn die Zucht der Weißgeborenen nahm zu dieser Zeit ihren glorreichen Anfang und war zur Zeit des Malers über 300 Jahre später fast am Ende.

Krönungszug von Christian IV, Gemälde von Otto Bache

Christian IV. widmete sich mit großem persönlichen Engagement der Pferdezucht, was man in seinen täglichen Notizen verfolgen kann. So wählte er die Zuchthengste persönlich aus. Für den Bedarf des Königs lieferte Frederiksborg jährlich mindestens 50 vierjährige Hengste zum Einreiten, was den Umfang des Gestütes erahnen läßt.

In der Zucht wurden seltene Farben immer mehr vorgezogen. Im Jahr 1660 wird zum ersten Mal ein getigerter Stammhengst namentlich erwähnt. Der Krieg gegen Schweden war beendet und Gestütsmeister Johann Uldrik stellte fest, was übriggeblieben war: Der Stamm auf Frederiksborg samt Stammhengst. Dieser ist "spættet" (getigert) und wird Rantzou genannt. (Die Rantzauer sind eine holsteinische Adelsfamilie und Pferdezüchter.)

So deckt im	Stamm von "Rantzou"		und im Krogedal Stamm	
1672	Unge Cranich	weiß		
1673	Gentil	bunt	Jomfruen	weiß
1674	Gentil	bunt	Porcellain	getigert
1675	Imperator	Gelbtiger	Vallion	getigert
1676	Vallion	Schwarztiger	Vallion	getigert
1677	Falk	gelb	Stopsack	hellgrau
1678	Cavaller	weiß	Cavaller	weiß
1679			Valliant	getigert

Am deutlichsten werden die Bemühungen getigerte Pferde zu züchten, wenn man die Entwicklung des Stammes, in dem auch Rantzou deckte, weiterverfolgt.

Aber wie wir aus der Farberklärung bereits wissen, ist der Tigerschecke nur die schwächere Variante der Farbvererbung, während die stärkste Farbvariante der Weißgeborene ist. So entstand mit der Zeit durch Verstärkung der Gene die Zucht der einst berühmten dänischen Frederiksborger-Weißgeborenen.

Reitmeister von Adlersflügel bei der Arbeit mit einem getigerten Frederiksborger

Blütezeit der Dänischen Barockpferde

Mit Christian V. (geb. 1646, gekrönt 1670, gestorben 1699) ging Dänemark einer hippologischen Glanzperiode entgegen. Er selbst war ein exzellenter Schulreiter und Pferdekenner. Vor allem verstand er es, bedeutende hippologische Persönlichkeiten an seinen Hof zu binden, u.a. den Reitmeister und Buchautor Georg Simon Winter von Adlersflügel, aus dessen Feder die oft zitierten und kopierten Bücher stammen "Gründliche Anweisung zu der Reit- und Zaum-Kunst" und "Neues und vermehrtes Tractat von der Stuterey".

Oberstallmeister, Envoyer extraordinaire und Oberlandesrat von Oldenburg Anton Wolf von Haxthausen war ein weiterer großer Hippologe am dänischen Hof. Zu dessen züchterischen Verdiensten zählte, daß er im Jahr 1680 die weißen und bunten Stuten von den gelben und grauen trennen ließ. Laut Prof. Erik Viborg erreichte er damit, daß der weißgeborene Stamm im Jahr 1683 bereits 18 Stuten zählte, woraufhin der dänische Hof bald

Oberstallmeister Baron Anton Wolf von Haxthausen (1647-1694) Gemälde von Jacob d'Agar.

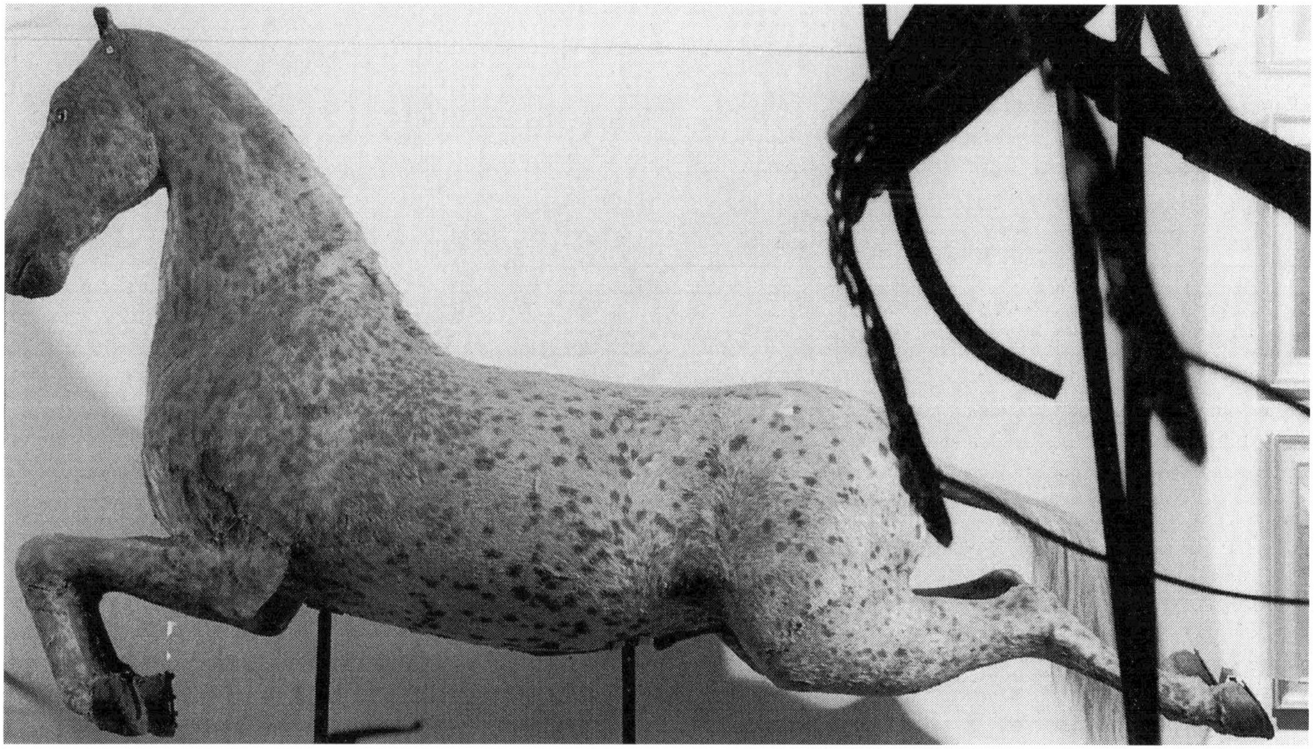

darauf zum ersten Mal die Staatskarosse mit sechs weißgeborenen Hengsten bespannen konnte.

Es ist wahrscheinlich auch kein Zufall, daß von Haxthausen als Diplomat ausgerechnet in den wichtigsten hippologischen Metropolen eingesetzt wurde, wie Dresden, Hannover, Wien und Berlin. 1680 errichtete er auf Schloß Christiansborg die Reitschule im Sinne der Wiener Hofreitschule, 1690 reorganisierte er die Frederiksborger Zucht, die durch diese Reinzuchtperiode zu Weltruhm kam. Außer seiner Diplomatie und seinen hippologischen Fähigkeiten muß man erwähnen, daß von Haxthausen ein hervorragender Schulreiter und Organisator war, unter dessen Regie die "Carousell's" (Reiterfestspiele und Turniere) glanzvolle Höhepunkte erreichten. Später nahm er großen Einfluß auf die Zucht des Grafen Anthon Günther zu Oldenburg.

Von einem getigerten Schulhengst dieser Zeit erzählt die schöne und dramatische Geschichte von "Coureur". Nach seinem spektakulären Tod im Jahr 1684 wurde er ausgestopft und ist damit das älteste ausgestopfte Pferd der Welt. "Coureur" war Hohe Schule Hengst im Königlichen Stall Christiansborg in Kopenhagen, zu der Zeit eine der führenden Hochburgen der klassischen Reiterei. Noch heute hat der Königliche Stall dort sein Zuhause, und die barocke Reithalle und die prunkvollen Stallungen erzählen von Größe und Glanz vergangener Zeiten. Coureur war bis zur höchsten Vollendung ausgebildet - bis zur Kapriole, eine Primaballerina unter den Pferden, und als Tigerschecke eine Kostbarkeit der Natur.

Es war damals in England üblich geworden, Pferderennen abzuhalten. Bei einer königlichen Tafel begann der englische

Seit 1684 springt Coureur im Königlichen Stall auf Schloß Christiansborg die Kapriole.

Gesandte Robert Molsworth einen Streit mit dem dänischen Oberstallmeister Baron Anton Wolf von Haxthausen. Der Engländer behauptete, daß die dänischen Pferde ein degeneriertes Kunstprodukt seien, das sich leistungsmäßig nicht mit den englischen Pferden vergleichen ließe.

Es wurde eine Wette um 1.000 Holländische Dukaten abgeschlossen. Die Bedingungen waren folgende:

- Der Engländer sollte im Königlichen Stall einen Hengst aussuchen, der die Strecke vom Schloß Frederiksborg in Hillerød bis zum Schloß Christiansborg in Kopenhagen (35 Kilometer) in einer Zeit von 45 Minuten laufen sollte.
- Der Ritt sollte erst nach 14 Tagen statt

finden, damit das Pferd trainiert werden konnte.

- Reiten sollte ein Stallbursche aus dem Stall von Haxthausen (der nach dem Ritt 100 Dukaten erhielt und zum Königlichen Stallburschen ernannt wurde).
- Beide Wetteilnehmer sollten am Tag vorher die Summe von 1.000 Dukaten bei Graf von Güldenløve beziehungsweise bei Geheimrat Vibe deponieren.
- Alle Zäune und Tore auf der Strecke von Hillerød nach Kopenhagen sollten am Tag des Rennens offengehalten werden.
- An Start und Ziel sollten Sekundanten und Diener beider Parteien mit kontrollierten Uhren aufgestellt werden.

Das Rennen wurde ein großes Ereignis, das nicht nur von den Kopenhagener Bürgern, sondern auch von der Königlichen Familie und vom gesamten Hof beobachtet wurde.

Auf Schloß Frederiksborg läutete das Startsignal und ein kleiner getigerter Hengst beschleunigte aus seiner gewaltigen Hinterhand, deren Kraft eine Kapriole vollbringen konnte. Aber würde er auch genügend Ausdauer haben?

In wahnsinnigem Tempo flog er die unebenen Straßen entlang, vorbei an den Weiden, auf denen er sich als Fohlen getummelt hatte. Hier war er aufgewachsen, im Schatten dieser Bäume, und diese Strecke war er geführt worden, als man ihn vom Königlichen Stall als Schulhengst auserwählt hatte. Dort in der barocken Reithalle hatte er sich bewiesen. Unter Hunderten von Pferden wurde sein Talent entdeckt, und er hatte die Hohe Schule erlernt bis zur höchsten Vollendung - er war Kaprioleur geworden.

König Christian V auf einem braunen Frederiksborgerhengst in der Passage

Jetzt aber raste er nach Hause, zum kühlen Stall zwischen den grünen Marmorsäulen, zu seiner Marmorkrippe. Vom Heimweh, vom Jubel der Schaulustigen und von der Gerte vorangetrieben, kamen bald die zahlreichen Türme von Kopenhagen in Sichtweite. Bald flog er durch die Tore der Stadt. Sein getigertes Fell war weiß vor Schaum und jeder Atemzug schmerzte. Vor ihm aber kam Christiansborg in Sicht und letztendlich donnerte er über die Marmorbrücke auf die Schloßinsel hinüber.

Der Jubel in ganz Kopenhagen war enorm, als die Uhren stillstanden: 42 Minuten - drei Minuten unter der Zeit!

Die Ehre des Stallmeisters, des Königs, ganz Dänemarks, aber vor allen Dingen die Ehre der dänischen Pferde war gerettet.

Der weißgeborene Frederiksborgerhengst Svaan in der Piaffe.

Oberstallmeister Graf Ferdinand Anton Danneskjold-Lauervig (1688-1754) Gemälde von J.S. Wahl.

Der Jubel wollte kein Ende nehmen, nur eines wurde vergessen - ein kleiner getigerter Hengst, der zu Tode erschöpft zwischen den Marmorsäulen zusammensank. Im Trubel hatte man vergessen, ihn trockenzuführen.

Am Tag der Ernüchterung beschloß man, dem Retter der dänischen Ehre ein würdiges Denkmal zu setzen und ihn für immer unter uns zu behalten. So ging sein Fleisch den Gang des Fleisches, seine Seele zu den ewigen Weiden bei Frederiksborg, aber seine äußere Erscheinung wurde ausgestopft. Aber nicht auf allen Vieren stehend, sondern in der Kapriole! Er allein ist uns bis in unsere Zeit erhalten geblieben und zeugt von dem hohen Niveau der Reitschule auf Christiansborg, wo der kleine getigerte Hengst bis heute auf dem Königlichen Schloß die Kapriole springt.

Über 300 Jahre sind seitdem vergangen, seine Punkte sind verblaßt, sein weißes Fell ist gelb geworden, die Ohren sind abgeknickt und die Haare der einst üppigen Mähne und des Schweifes fast alle abgebrochen. Aber ich bitte Sie, wenn Sie nach Kopenhagen kommen, gehen Sie in den Königlichen Stall und besuchen Sie diesen getigerten Hengst, der die Ehre der Rasse rettete und dafür mit seinem Leben bezahlte und der noch heute stolz den vornehmsten aller Schulsprünge für Sie ausführt - die Kapriole.

Christian V. hatte als Kronprinz im Jahre 1662 eine längere Zeit am Hof des Sonnenkönigs Ludwig XIV. verbracht. Als der lebensfreudige Christian V. im Jahre 1670 die uneingeschränkte Herrschaft antrat, nahm er sich den Hof von Versailles zum Vorbild. Ludwig XIV. hatte eine Vorliebe für Tigerschecken und ließ sich mehrmals auf solchen Pferde abbilden. Die Tigerschecken waren der Inbegriff des Zeitgeistes, und so durften sie auch am dänischen Hof nicht fehlen.

Christian V. war ein leidenschaftlicher Jagd- und Schulreiter. Die Königliche Reitschule auf Schloß Christiansborg erreichte in diesen Jahren unter der Leitung von Winter von Adlersflügel das Niveau der vornehmsten und berühmtesten Reitakademien Europas. 1694 entstand eine Serie von 24 Gemälden, von denen zwölf Schulübungen darstellen, während die anderen zwölf Waffenübungen zeigen. Mehr als Worte beschreiben diese Bilder das reiterliche Niveau und die Qualität der Pferdezucht zum damaligen Zeitpunkt.

In dieser Blütezeit der dänischen Zucht gab es unzählige wunderbare Pferde, die erwähnenswert wären. Dennoch werde ich nur einen noch erwähnen, der weder getigert noch weiß war, der aber der direkte Stammvater väterlicherseits unserer heutigen Knabstrupper ist, da ein Hengst aus seiner Linie Vater des"Flæbehengstes" und somit Stammvater der Knabstrupper war. Der schwarze Hengst Superbe wurde 1683 im Karthäuser Klostergestüt in Jerez de la Frontera in Spanien gekauft.

Christian VI. (geb. 1699, König von 1730 - 1746) war ein wahrer Barockkönig, dessen Hof den anderen europäischen Höfen in nichts nachstand, auch nicht in dem Geschmack für Pferdefarben. So wurde weiterhin versucht, gezielt Tigerschecken zu züchten. Zu diesem Zweck wurde der getigerte Hengst Papillon im Jahre 1745 einem Stutenstamm zugeteilt und die aus diesen Anpaarungen fallenden Tiere wurden mit dem gekrönten Spiegelmonogramm des Königs gebrannt. Christian VI. hatte Papillon im Jahr 1741 als Geschenk des Grafen Ferdinand Anton Danneskjold-Laurvig (1688-1754) erhalten, der von 1714 bis 1754 Oberstallmeister war und nach seinem Tod von seinem Sohn Landgraf Frederik Ludwig Danneskjold-Laurvig (1717 - 1762) abgelöst wurde. Auch dieser war Oberstallmeister bis an seinem Lebensende.

Es scheint, als ob der Hengst Papillon aus der eigenen Zucht der Danneskjold-Laurvig's stammt, was bedeutet, daß diese Familie, ebenso wie die bereits erwähnten Rantzauer, Züchter von Tigerschecken gewesen sein müssen.

Getigerter Frederiksborgerhengst in der Carriere.

Eine An- und Verkaufsliste von Zuchttieren des weißen Stammes zeigt, daß Tigerschecken und Weißgeborene nicht nur am Königshof gezüchtet wurden, sondern auch von Adelsfamilien und Privatgestüten. Diese Liste basiert auf den Gestütsprotokollen der Jahre 1784 bis 1797.

Der in der Liste genannte Graf Scheel (1718 - 1786) war Oberstallmeister des Königs und Direktor der Königlichen Veterinärschule 1774 bis 1784. Auch er wird wahrscheinlich auf seinen Gütern Gl. Estrup und Ulstrup in Jütland Weißgeborene gezüchtet haben.

Wie begehrt aber die Pferde der königlichen Zucht waren, zeigt die Tatsache, daß Stuten noch im Alter von fünfzehn beziehungsweise zwanzig Jahren einen Käufer fanden, wahrscheinlich in der Hoffnung, daß sie dem neuen Besitzer wertvollen Nachwuchs bringen würden.

Zu den jährlichen Auktionen kamen Einkäufer aus aller Welt. So wurden z.B. die Staatskarossen der russischen Zaren stets von dänischen Weißgeborenen gezogen und auf der Auktion am 16. August 1771 wurde der im Jahr 1765 weißgeborene Hengst Pluto nach Österreich verkauft, wo er der erste Linienbegründer der berühmten Lipizzaner wurde, die damals genauso "bunt" gezüchtet wurden wie alle anderen fürstlichen Zuchten.

FARBE	STUTE	HENGST	GEBOREN	GEKAUFT VON	JAHR	VERKAUFT AN	JAHR	ALTER
weiß	x		1781	Leutn. Baron Juul Wind	1786			
weiß	x		1765	Graf Exzellenz Scheel	?	per Auktion	1785	20
weiß	x		1777	Beenfeldt			?	
weiß	x		1781	Baron Juul Wind	1781 ?		?	
weiß	x		1769			per Auktion	1784	15
weiß		x	1785			per Auktion	1791	6
weiß		x	1787			Conference Raad Fabricius	1793	6
weiß		x	1783			Russ. Stallmeister Leutn. Seckolow	1787	4
weiß		x	1785			per Auktion	1790	5
weiß		x	1790			per Auktion	1797	7
10	**5**	**5**	**1765 - 1790**	**5 x Stuten**		**2 x Stuten 5 x Hengste**		

					Mignon
				Neptunus	geb. 1690
			Neptunus	geb. 1703	
		Royal	geb. 1713	F Bue	
Pluton	Le Badin	geb. 1722	J Granat	La Truit (weiß)	
geb. 1748	geb. 1733	J Bue			
	R Bue				

Hierzu muß man etwas über die traditionelle Namensgebung auf Frederiksborg wissen. Die Junghengste, die von Frederiksborg nach Christiansborg kamen, hatten noch keine Namen. Sie wurden über die Brandzeichen identifiziert und trugen vorerst die Namen ihrer Väter. So war der Name eines jungen Hengstes, der versteigert wurde, nicht sein eigener, sondern der seines Vaters.

Das heißt, wenn es 1765 einen Pluto gegeben hat, muß es einen gleichnamigen Vater gegeben haben! Und tatsächlich gab es den 1748 geborenen Hengst Pluton. Er deckte in Østrup Vange, wo er auch Vater des weißen Pacifique, geboren 1755 aus der "O Bue" wurde. In Østrup Vange wurde auch Pluton geboren und trug den Brand des Bogens (Bue).

Pluto war aber nur einer von vielen Frederiksborgern, die in der Lipizzanerzucht wirkten. Auch Frederiksborger Stuten hatten dauerhaften Einfluß auf die Lipizzanerzucht, so z.B. die Stutenstammgründerin Deflorata.

Plutos Vater, Pluton, war eines der Modelle für das Reiterstandbild von Frederik V., der von 1746 - 1766 König war. Das Monument gilt als eine der vollkommensten und schönsten Reiterdarstellungen.

Der französische Bildhauer Jacques Francois Joseph Saly (1718 - 1776) arbeitete von 1759 bis 1764 an diesem großen Werk, das erst 1768 in Bronze gegossen wurde, um dann 1771 enthüllt zu werden. Anfänglich war Saly nicht sehr angetan von den seiner Meinung nach altmodischen Frederiksborger Pferden, aber langsam wurde er sich der inneren Ruhe, des Stolzes und der Harmonie der barocken Hengste bewußt. Die Inspiration für das Denkmal bekam er, als er den König auf dessen morgendlicher Reittour durch Kopenhagen begleitete, wo jeder sich an den König wenden konnte, ob reich oder arm. Der König wurde umjubelt mit den Worten: "Er ist unser Vater!", woraufhin der König erwiderte: "Ja, ihr seid alle meine Kinder!" Die Skulptur stellt also einen klassischen Patriarchen dar.

Saly suchte sich im Reitstall von Christiansborg die Modelle für sein Werk aus. Von den zwölf auserwählten Pferden waren zwei getigert, Vigoureux und Campagnard, beide 1745 geboren, und drei kamen aus dem Stamm der Weißgeborenen. Das eine war das Leibpferd des Oberstallmeisters Graf Frederik Ludwig Danneskjold-Laurvig, das andere war der bereits beschriebene Pluton. Der dritte Weißgeborene war der Hengst des 1. Stallmeisters von Staffelfeldt, der so ausgebildet wurde, daß er in der Piaffe wie ein Standbild stehen bleiben konnte.

Diese Pferde wurden sowohl gemessen als auch genau beschrieben. Daher wissen wir, daß das Idealpferd ein Bandmaß zwischen 163 und 170 Zentimeter hatte. Zieht man bei den rundlich gebauten Pferden mindestens zehn Zentimeter davon ab, erhält man ein Stockmaß von 155 Zentimeter +/- 10 Zentimeter.

König Frederik V auf dem idealen Frederiksborger. Reiterstandbild von Saly auf Schloß Amalienborg.

Das Ende des Gestüts Frederiksborg

Um die Jahrhundertwende 1800 begann das Ende des berühmten Königlichen Frederiksborger Gestütes.

Ein neues Zeitalter hatte begonnen, das ganz im Zeichen des Empire stand, dessen Idealformen nach Leichtigkeit und Eleganz strebten. Die Straßen wurden besser, die Kutschen leichter, die uneingeschränkte Monarchie wurde eingeschränkt und damit auch die Ökonomie des Königshauses. Die Anzahl der großen Prunkgespanne wurde reduziert, und die Schulreiterei verlor ihre militärische Bedeutung, da Schlachten nicht mehr in Mann-zu-Mann-Kämpfen der Adligen ausgefochten wurden, sondern von Armeen aus rekrutierten und einberufenen Bauern und Bürgertumsarmeen. Die reiterlichen Einheiten übten schnelle Attacken aus, wofür die barocken Schulpferde wiederum weniger geeignet waren als die englischen Coureurs (Rennpferde). Als die englischen "Royal Greys" bei Waterloo Napoleon überrannten, war auch die Schlacht für die barocken Fürsten und Adelsgestüte als Großlieferant der Armeen beendet.

Die Armeen benötigten große Mengen von pflegeleichten Pferde, also keine weißen oder ähnlich unpraktische Farben. Sogar Blessen und Abzeichen waren verpönt. Die Ansprüche an Durchlässigkeit, Temperament, Versammlung, Schönheit, hohe Gänge u.a. traten in den Hintergrund. Vollblüter wurden in großen Mengen importiert und eher nach Quantität als nach Qualität in den königlichen, adligen und bäuerlichen Zuchten eingesetzt.

In der europäischen hippologischen Entwicklung war dies ein spannender Abschnitt, aber nicht für unsere Geschichte, sondern sie bedeutete den Todesstoß für die farbenprächtigen barocken Zuchten. Außerdem verlor man durch die Schließung der Hofreitschulen eine Möglichkeit, talentierte Reiter zu fördern und die Möglichkeit, die Frederiksborger Hengste nach Leistung in der Hohen Schule für die Zucht zu selektieren, wie es an der Spanischen Hofreitschule in Wien heute noch praktiziert wird.

Das letzte Jahrhundert des Königlichen Gestüts Frederiksborg war ein wahrhaftes Martyrium, in dem man das Zuchtziel aus den Augen verlor und züchterische Unfähigkeit unter Beweis stellte. Am schlimmsten für den Frederiksborger war die "Vollblut-Manie", die als Modeerscheinung des "Empirestils" fast alle europäischen Zuchten zerstörte oder zumindest stark veränderte. Nicht einmal die Lipizzaner blieben davon unberührt, bis die Bereiter der Spanischen Hofreitschule sich direkt beim Kaiser darüber beschwerten, daß die vermischten Lipizzaner sich nicht für die Hohe Schule eigneten. Daraufhin befahl der Kaiser höchstpersönlich, den Lipizzaner weiterhin rein zu züchten.

Oberstallmeister Carl Christian August de Roepstorff auf dem weißgeborenenHengst Hoter in der Piaffe, Gemälde von E. C. Kuhn.

In Dänemark geschah dies leider nicht. Der König war zu schwach und das Land in den Händen eines Reformators namens Struensee, der vor seiner Hinrichtung ökonomisch vernünftige, für das Gestüt aber verheerende Änderungen vornahm. Darunter im Jahr 1771 eine drastische Reduzierung des gesamten Gestüts und die Abschaffung des Reinzuchtprinzips, das sich zwar seit den Zeiten von Baron von Haxthausen bewährt hatte, aber durch Unfähigkeit späterer

Weißgeborene Stuten des Gestüts Frederiksborg..

Gestütsleiter in Inzuchtprobleme geraten war.

Noch verheerender wurde der Einfluß von Christian Carl Frederik August Herzog von Schleswig-Holstein, Sønderborg und Augustenborg (1798-1869), der angeblich die aus seinem eigenen Vollblutgestüt aussortierten Hengste als Zuchthengste für Frederiksborg einkaufen ließ. Letztendlich war er mitwirkende Kraft hinter dem Erlöschen des Gestütes im Jahr 1840.

Allein die Zucht der Weißge-borenen wurde im alten Sinne weiterge-führt.Der absolut reingezogene Stamm litt aber stark unter Inzuchtproblemen. So blieben alle im Jahre 1801 gedeckten Stuten güst. Der Stamm wäre fast ausgestorben, hätte nicht eine im Jahre 1785 geborene Fuchstigerstute mit dem Hengst Overileren vier weißgeborene Töchter gegeben.

Als der schwedische König Karl XX. am 19. Juli 1862 einen Staatsbesuch bei König Frederik VII. in Kopenhagen machte, fuhr die dänische Staatskarosse zum letzten Mal mit einer Anspannung von weißgeborenen Pferden. Frederik VII starb im Jahre 1863. Sein Lieblingspferd Perlen, ein Weißgeborener, wurde nach seinem Tod ausgestopft und steht heute im Königlichen Stall auf Christiansborg in Kopenhagen neben Coureur.

Im Jahre1871 wurde der weißgeborene Stamm endgültig aufgelöst und damit endete die glorreiche Geschichte des Königlichen Gestütes Frederiksborg.

Frederik VIII., geboren 1843, König 1906 bis 1912, war der letzte dänische König, der ein weißgeborenes Pferd ritt. Der weißgeborene Wallach Arrogant war sein Leibpferd, den er immer ritt, wenn er zu Pferde die Truppen inspizierte. Als Frederik VIII. im Jahr 1912 starb, wurde Arrogant im Trauerzug hinter dem Sarg des Königs geführt - der letzte Weißgeborene hatte von seinem König Abschied genommen.

Frederik VIII auf dem weißgeborenen Arrogant.

LØVENBORG

Die Geschichte des berühmten Königlichen Gestüts Frederiksborg war zu Ende, nicht aber die des Frederiksborgers. Wie mehrfach erwähnt, gab es weiterhin viele Adels- und Gutsgestüte, die dem klassischen dänischen Pferd treu blieben. Dazu kam ein zunehmender Wohlstand unter den allgemeinen Bauern, den es seit der Wikingerzeit nicht gegeben hatte. So wendete die Geschichte nochmals das Blatt, wobei die Pferdezucht nicht länger Privileg der Oberklasse war, sondern gemeinsame Aufgabe der Bauern.

Schloß Løvenborg

Seit der Wikingerzeit war die bäuerliche Zucht verkümmert. Daher wurden schon im 17. Jahrhundert Beschäler vom Königlichen Gestüt bei Bauern ausstationiert oder den Bauern Zugang zu den Gestütshengsten gewährt, um diesen Zuständen abzuhelfen. Über die Jahre war so besonders auf Seeland eine landwirtschaftliche Zucht im Sinne des Frederiksborgers entstanden. Besonders hohe Qualität hatten aber einige Adels- und Gutsgestüte.

Schon 1780 wird das Gestüt des Baron Løvenskjold auf Schloß Løvenborg hervorgehoben, dessen über 100 Stuten als besonders hervorragend galten. Die Løvenskjolds bevorzugten hellfarbige Pferde, wie Isabellen, und kauften mehrmals erstklassige Hengste im Königlichen Gestüt Frederiksborg, die abstammungsmäßig auf Bæver II, geb. 1782, zurückzuführen waren, der wiederum ein direkter Nachkomme des schon erwähnten Superbe, geb. 1683, war.

Bæver II wurde als Fuchs mit weißen Abzeichen beschrieben. Wie das Gemälde zeigt, waren diese Weißzeichnungen etwas außergewöhnlich und auch die Fuchsfarbe nicht ganz so eindeutig wie beschrieben. Seine Vaters-Mutters-Mutter war die Stute H im Stamm der getigerten. Es ist also nicht auszuschließen, daß Bæver II zumindest etwas Genetik mitgab, als sein Enkelsohn, der gelbe Løvenborg-Hengst, Mitbegründer der Knabstrupper wird.

Bæver II, geboren 1782
+ Pedigree (Abb. 50a)

BÆVER II, GEB. 1782
GLORIEUX 1767 | M STJERNE 1774
BUFFON 1757 | E HESTEHAVE | LE BRAVE II 1768 | N CHR. VII 1767

GENTIL 1712 — AGREABLE 1696 — **SUPERBE 1683 XERES**
POMPEUX 1725 — R — C FANE — H SCHWARZE STUTE — SCHWARZER SPANIER
TUTFAIRE 1747 — TUTFAIRE 1730 — A — GENTIL — SCHWARZE STUTE
F HESTEHAVE — L'HONNÊTE 1726 — SOLIDE — KONIGENN
G STJERNE
D HJERTE 1712 — SATIN 1695 — **SUPERBE 1683**
GELBE STUTE
O HESTEHAVE — L'ACCOMPLI 1727

SOLIDE — KONIGENN
CRAINTIF 1737 — L'HONNÊTE 1726 — G STJERNE
CASTILLANER 1751 — D HJERTE 1712 — SATIN 1695 — **SUPERBE 1683**
D — L'HEROIPE 1733 — LÀCCOMPLI 1727 — GELBE STUTE
M — L'HONNÊTE 1726 — SOLIDE — KONIGENN
G STJERNE
H TIGER — D HJERTE 1712 — SATIN 1695 — **SUPERBE 1683**
GELBE STUTE

ARABER
ETRANGER 1705
ETRANGER II 1756 — FRDRIKSBORGER
D HJERTE

LE FIERE 1753 — INDUSTRIUX 1742
D TUMLER
FREDRIKSBORGER

TUTFAIRE 1730 — POMPEUX 1725 — GENTIL 1712 — AGREABLE 1696 — **SUPERBE 1683**
TUTFAIRE 1747 — A — R — C FANE — H SCHWAARZE STUTE
LE CHEF 1756 — F — L'HONNÊTE 1726 — SOLIDE — KONIGENN
G STJERNE
H — A — D HJERTE 1712 — SATIN 1695 — **SUPERBE 1683**
GELBE STUTE
CRAINTIF — L'HONNÊTE 1726 — SOLIDE — KONIGENN
L LILLIE 1755 — PIGNAN — G STJERNE
GELBER NEAPOLITANER — D HJERTE 1712 — SATIN 1695 — **SUPERBE 1683**
M HJERTE — GELBE STUTE

Gebäudeteil von Gut Knabstrup

GUT KNABSTRUP

Als Major Lunn 1798 das Gut Knabstrup von seinem Vater übernahm und Stuten vom Gestüt Frederiksborg kaufte, betrachtete er sich nicht als züchterischer Erneuerer, sondern als ein Bewahrer des altbewährten Frederiksburger Blutes. Bald ließen sich die Zuchterfolge erkennen, als sehr gelungener Nachwuchs auf Gut Knabstrup das Licht der Welt erblickte. Bei der Erweiterung seines Stutenstammes war es das primäre Ziel von Major Lunn, solche Stuten zu erwerben, die seinem eigenen Stutenstamm am ähnlichsten waren. Außerdem suchte er besonders Tiere, die ihre Belastbarkeit bewiesen hatten.

Major Villars Lunn

In diesem Sinne kaufte er auch "Flæbehoppen" (die Flæbestute). Er erwarb sie für 15 Rdl. von einem Pferdehändler und Metzger namens Flæbe (daher der Name der Stute), der sie als schicken Einspänner benutzt hatte und der ihr angeblich sehr viel abverlangt haben soll, was der Stute aber nichts ausmachte. Dadurch hatte sie die Aufmerksamkeit des Major Lunn auf sich gezogen.

Major Lunn bevorzugte Pferde mit hellen Farben, besonders Isabellen wie sie auf dem benachbarten Schloß Løvenburg gezogen wurden. Auch die Flæbestute war hell, allerdings kein Isabell, sondern ein melierter Tigerschecke, deren Farben dermaßen undefinierbar sein können, daß sie in Dänemark oft auch schelmisch "grün" genannt werden. So gab es verschiedene Beschreibungen der Farbe der Flæbestute, z.B. fuchsmelierter Tigerschecke mit hellem Behang, deren Metallglanz in der Sonne in allen Farben des Regenbogens schimmerte.

Herr Flæbe hatte die Stute von einem spanischen Offizier erworben. Dänemark hatte sich im Krieg gegen die Engländer mit Napoleon verbündet, der wiederum seinen Bruder Joseph auf den Thron von Spanien gesetzt hatte. Besagter Joseph schickte im Jahre 1796 14.000 Mann nach Dänemark, hauptsächlich Infanterie, u.a. die Regimente Asturien und Guadalajara, aber auch das Kavallerieregiment Infante unter der Leitung des Feldmarschalls Pedro Caro y Sureda, Marquis von Romano und Marschall Bernadotte.

Feldmarschall Caro y Sureda, der sich später in den Freiheitskämpfen gegen die französische Herrschaft in Spanien einen Namen machte, beschloß, die Regimente zu entführen. Es gelang ihm, 3/5 der Truppen auf englische Schiffe zu entführen, wobei die Kavalleristen ihre Hengste in Nyborg hinterließen. Zehn dieser Hengste kamen später als Zuchthengste nach Frederiksborg. Einer hinterließ getigerte Nachkommen auf Fünen.

Im Jahre1808 wurden die in Dänemark verbliebenen aufständischen Truppen von der dänischen Armee entwaffnet und auf Befehl des Marschalls Bernadotte über Kalundborg nach Deutschland gebracht. Als sie Holbæk (nahe Knabstrup) passierten, hielt ein dänischer Kaufmann eine Abschiedsfeier für die spanischen Offiziere. Bei dieser Gelegenheit könnte die Flæbestute in den Besitz des Herrn Flæbe gekommen sein. Vielleicht wurde sie an ihn verkauft oder verschenkt, damit sie nicht konfisziert wurde.

Über die Herkunft dieser Stute wurde nicht wenig philosophiert. Die spanischen Truppen erhielten ihre Pferde durch Remontierung und Beschlagnahmung der Pferde der berühmten Gestüte bei Cordoba, wobei die dort gezüchteten bunten Farbschläge der spanischen Pferde erloschen. Dies kann erklären, warum ein Offizier eine derart gefärbte Stute ritt.

Eine solche Stute war wie geschaffen für die Knabstrupperzucht. Sie war von der alten spanischen Rasse und hatte Leistung gezeigt. Allein die Reise über Tausende von Kilometern von Spanien nach Dänemark kennzeichneten sie als würdige Stammutter und Gründerin der Knabstrupperzucht. 1812 wurde die Flæbestute von einem gelben Frederiksborger Hengst aus der Bæver-Linie auf Schloß Løvenburg gedeckt. Diese Hengstlinie geht zurück auf einen Hengst namens Superbe, der 1683 im Kloster der Karthäuser-Mönche in Jerez de la Frontera in Spanien geboren wurde. Somit wurde die Flæbestute sowohl Stammutter der Knabstrupper als auch Bewahrer einer uralten Hengstlinie, als sie 1813 den Flæbehengst zu Welt brachte.

Auch auf Gut Knabstrup bewies die Flæbestute ihre außergewöhnliche Härte. Als ein Sohn der Familie einmal einen Unfall hatte, mußte dringend ärztliche Hilfe geholt werden. Der Kutscher raste sofort mit einem Gespann los, der Flæbestute und einem weiteren Pferd. Bei der ersten Adresse fand man den Arzt nicht vor. Daher ging es sofort weiter, alles was das Zeug hielt. Der Arzt wurde gefunden und im forcierten Tempo ging es zurück nach Knabstrup, wo dem Jungen geholfen wurde. Das zweite Gespannpferd überlebte die Strapazen dieser Tour nicht, während sich die Flæbestute davon nichts anmerken ließ und am nächsten Tag ihre Arbeit ausführte, als wäre nichts gewesen.

Knabstrupper in der ersten Hälfte des 19. Jahrhunderts

Um die Entwicklung der Knabstrupper in der ersten Hälfte des 19. Jahrhunderts zu verfolgen, folgt hier eine Übersetzung aus dem Buch von W. Lunn (Sohn von Major Villars Lunn), das 1855 herausgegeben wurde.

Da die Pferde der Knabstrupper-Rasse in den späteren Jahren und besonders während des Krieges 1848-1850 (Anm. d. Verf.: Dänemark gegen Deutschland; Kampf um Schleswig-Holstein) *mehr bekannt und gefragt worden sind, besonders wegen deren guten Eigenschaften, hoffe ich, daß es nicht ohne Interesse für das Publikum ist, wenn nun die Herkunft dieser Pferderasse bekannt gemacht wird.*

Ungeachtet dessen, daß die Knabstrupper-Pferde form- und farbmäßig unterschiedlich vorkommen können, kann man

Knabstrupperhengst gemalt auf dem Nachbarhof Dorotheaslyst 14-15-16 Juli 1847

diese Individuen als eine besondere Rasse bezeichnen, da einige der Eigenschaften dieser Pferde ziemlich konstant sind. Pferde der Knabstrupper-Rasse haben eine so eigentümliche Prägung, daß Kenner mit recht großer Sicherheit feststellen können, ob ein Pferd dieser Rasse zugehörig ist, auch wenn es nicht die typische Farbe oder das typische Auge hat.

Bei dieser Gelegenheit muß ich auf den Rapport über den Zustand der Königlichen Landgestüte und der Pferdezucht in Dänemark aus dem Jahr 1851 des Landesgestütsmeisters Dr. With, erschienen 1852, hinweisen, wo er für das Amt Holbæk den Rat gibt, Hengste zu benützen, die näher oder entfernter verwandt sind mit der sogenannten Knabstrupper-Rasse. [......] Gegen die Benützung von Hengsten der Knabstrupper-Rasse spricht, daß sie dazu neigen, getigerte Nachkommen zu geben. [......] Aber sie besitzen so viele andere Vorteile [......], daß sie nicht nur selbst mit Vorteil verwendet werden können, sondern auch bei gegebener Gelegenheit leicht vorteilhaft verkauft werden können.

Dieser Einwand des Landesgestütsmeisters gegen Pferde der Knabstrupper-Rasse, daß sie dazu neigen, getigerte Nachkommen zu geben, wurde auch früher (Anm.: vor 1851) *bei Gestütsbesichtigungen gegen sie angeführt. Dieses führte damals dazu, daß man versuchte, die Pferde mehr einfarbig zu züchten. Deswegen wurde Fremdblut eingekreuzt und Tiere zur Zucht ausgewählt, deren einziger Vorteil darin lag, daß sie einfarbig waren, während andere gute Eigenschaften sekundär wurden. Dies wäre unzweifelhaft das Ende der Rasse*

Weißgeborener Knabstrupper mit Melierungen

gewesen, wenn nicht glücklicherweise einige Individuen in Reinzucht erhalten worden wären. Man kam zu der Erkenntnis, daß die Eigenschaften bei der Änderung der Farbe sich verringerten, ebenso wie in der Regel auch die übrigen Besonderheiten der Rasse. [......]

Es ist sehr lobend, wenn von einem Pferd gesagt wird, daß er ein "Mikkel" sei (also ein Nachkomme des Hengstes Mikkel). Aber da dieses Prädikat fast jedem Pferd gegeben wird, das ein getigertes Fell hat und in näherer oder entfernterer Verwandtschaft mit einem Hengst der Knabstrupper-Rasse steht, ist es kein absoluter Beweis dafür, daß es sich um ein gutes Pferd handelt.

Da die Pferde mit Farben wie die des Knabstruppers anscheinend in Mode gekommen sind, neigen viele dazu, jedes getigerte Pferd als gut anzusehen. Es ist zu befürchten, daß diese Mode eher dem Ansehen des Knabstruppers schaden wird, da Liebhaber eher viel Geld für das Fell als für das Pferd bezahlen. Fühlen sie sich später enttäuscht, geben sie zu Unrecht die Schuld an die Rasse.

Genauso wenig wie die vielen Vollblüter-Hengste, die vor einigen Jahren importiert wurden, mit schlechtem Stutenmaterial Qualität zu erzeugen vermochten, genauso wenig können die Hengste der Knabstrupper-Rasse, deren Nachkommen alle ihre Vorzüge vererben - wenn sie auch die Farbe bekommen haben - wenn nicht dafür gesorgt wird, daß nur gute und passende Stuten den Hengsten zugeführt werden.

Wenn gefragt wird, welches die guten Eigenschaften bei Pferden dieser Rasse sein, muß ich folgendes anführen: Ein wohlgeschlossener Körper mit ziemlich flachen, trockenen, starken und wohlgestellten Beinen, die dem Pferd Kraft, Ausdauer und leichten Gang geben; außerdem eine breite und tiefe Brust, gut gewölbte Rippen und ein guter Atemzug; leichtfüttrig und rundlich; sie vertragen Kälte und Anstrengungen in einem Maße, daß sie nicht ohne Grund als zäh bezeichnet werden; sie sind feurig und werden in der Regel sehr alt.

Ihr Orientierungssinn, Orts- und Straßenkenntnis sowie auch die Liebe zu ihrem Heimatstall sind, glaube ich, größer als bei den meisten anderen Pferderassen.. So gibt es Beispiele, wo Pferde die erstbeste Gelegenheit genützt haben, zum Gut Knabstrup zurückzukehren, nicht über die Wege, auf denen sie weggeführt wurden, sondern über Gräben und Zäune in direkter Linie zu ihrer Heimat.

Ihr feuriges Temperament geht nicht selten in Macken und Störrigkeit über, wenn sie nicht rechtzeitig vernünftig behandelt werden. So ist bekannt, daß Knabstrupperpferde nicht gern zu Orten hingehen, wo sie wissen, daß die Versorgung nicht gut ist. (Anm.: Die Pferde wurden damals auf Reisen oft beim Gasthofpersonal abgegeben.) *Wenn es dann von einem solchen Ort weggeht, wollen sie vor der Tür nicht ruhig stehen. Werden sie als Arbeitspferde verwendet, wollen sie nicht vor der Kutsche gehen oder dicht an die Treppe heranfahren. Auf Gut Knabstrup gibt es heute noch* (Anm.: 1854) *eine alte Stute, die nur im Gesschirr aus Weißleder ziehen will. [......]*

Pferde der Knabstrupper-Rasse kann man im gleichen Maße verwenden als Reitpferd für Herren und Kavalleristen, als Fahr- und Kutschpferd, als Post- und Arbeitspferd. [......] Viele Reisende werden sich vielleicht daran erinnern, daß ein braungetigerter Wallach 15 Jahre lang als Postpferd auf der Roskilde-Strecke ging. Anderen ist bekannt, daß eine graue Knabstrupperstute im Besitz von Herrn Proprietær Jørgensen Catherinedahl damals alle anderen Pferde aus der Gegend im Trab überbot. [......]

Knabstrupper-Pferde sind aber auch auf der Rennbahn erfolgreich gewesen. Eine schwarze Stute, vom "Flæbehingsten" aus einer braunen Stute im Jahr 1830 auf Gut Knabstrup geboren, verkauft an Herrn Kammerråd Madsen Trollesminde, gewann im Jahr 1835 in einem Gentlemen-Rennen auf der Rennbahn von Slagelse 250 Reichstaler. Die Distanz betrug 3000 Heats, und die Stute, die gegen Vollblüter lief, zog die Aufmerksamkeit des Herzog von Augustenborg bemerkt (Anm.: größter Vollblüterzüchter der Zeit). *Später lief die Stute auf der Bahn von Kopenhagen, wo sie einen Unfall hatte.*

Der "Flæbehingsten"-Sohn Mikkel, geboren 1818 aus einer veredelten Jütländerstute, im Besitz von Herrn Proprietær Madsen Arnakkegaard, gewann mit Leichtigkeit gegen die besten Pferde der Zeit, im auf der Bahn von Slagelse ein Gentlemen-Rennen von 20 Flaschen Champagner, obwohl der den sechs Meilen langen Weg zur Rennbahn vor der Kutsche im forcierten Tempo zurückgelegt hatte und den ganzen Sommer über nur mit grünem Wickenhafer gefüttert worden war.

Mikkel verlor sein einziges Rennen als 18-jähriger. Die ersten vier Rennen des Tages hatte er gewonnen, im fünften stolperte er über eine Unebenheit auf der Bahn, wurde lahm vorn links und konnte deswegen das sechste. und letzte Rennen nicht gewinnen. Es war das einzige Mal, daß ein Pferd gegen Mikkel gewinnen konnte. (Anm.: Mikkel war sehr fruchtbar und deckte in seinem 25. Lebensjahr noch viele Stuten. Nach ihm wurden getigerte Pferde oft "Mikkler" genannt.)

Nachdem ich den Knabstrupper charakterisiert habe, muß ich deren Ursprung erwähnen, wobei ich zurückgehe zum vorigen Jahrhundert, wo mein Vater (Major Villars Lunn) sich der Landwirtschaft widmete und aus Lust und Zuneigung die Pferdezucht begann. Der Typ, den er besonders bevorzugte war der Frederiksborgersche, und er erwarb bald Tiere aus diesem Stamm, wozu er leichten Zugang hatte, weil das nur eine halbe Meile entfernte Løvenburg damals eines der besten Frederiksborgergestüte war. Im Jahr 1798 kaufte mein Vater bei einer der jährlichen Auktionen in dem Reithaus (Anm.: auf Schloß Christiansborg) *zwei Stuten, eine rote mit einem langen Stern und eine schwarze, beide auf Frederiksborg geboren. Diese wurde gedeckt von einem gelben Hengst* (Anm.: Bæveren) *mit weißer Mähne und Schweif, der damals Stodhengst* (Anm.: mit den Stuten in der Herde freilaufender Hengst) *auf Løvenborg war, aber früher von Frederiksborg gekauft. [......]*

Die Nachkommen wurden fein und edel mit runden, geschlossenen Formen, schönen Köpfen und Halsungen, trockenen, korrekten Beinen, waren aber klein. Wenn mein Vater später durch Zukauf Stuten erwarb, war es sein Bestreben, solche zu suchen, die seinem eigenen Stamm am ähnlichsten waren. So war es nicht seine Absicht, durch Kreuzungen etwas neues zu schaffen, sondern durch Anpaarungen den Typus, den er gewählt hatte, zu erhalten und zu veredeln.

Bei den Käufen nahm er nicht allein Rücksicht auf das Äußere des Pferdes, sondern versuchte Stuten zu erwerben, die bei anstrengendem Gebrauch und strengen Herren gezeigt hatten, was sie aushalten konnten. [......] So hatte mein Vater sich eine einheitliche Pferdefamilie aufgebaut, als er 1812 von dem Metzger Flæbe in Holbæk eine Stute kaufte [......], die wegen ihrer unglaublichen Ausdauer geschätzt wurde. Sie wurde nach ihrem Vorbesitzer "Fæbehoppen" genannt. Sie war edel und schön, ein Zobelfuchs mit weißer Mähne und Schweif, starken Stichelhaaren mit kleinen runden weißen Flecken über den Körper verteilt, meist über der Lende, wo sie auch braune Flecken hatte. Sie war von Herrn Flæbe beim Adjutanten eines spanischen Infanterie-Batallions in Roskilde gekauft worden. Bei Herrn Flæbe zeigte sie unglaubliche Leistungen als Einspänner und war in ganz Kopenhagen dafür bekannt. Sie wurde Stammutter der getigerten Knabstrupperpferde.

"Flæbehoppen" wurde in 1812 von einem 4-jährigen gelben Hengst auf Løvenborg, von Bæveren auf Frederiksborg aus einer Løvenborg-Stute, gedeckt und bekam 1813 ein Hengstfohlen, "Flæbehingsten" genannt, das nach Meinung der Bediensteten über 20 Farben hatte. Er war Hellzobelfuchs mit weißer Mähne und Schweif und mit weißen, roten, braunen und schwarzen haselnußgroßen Flecken über den ganzen Körper verteilt. Außer einer eleganten und seltenen Farbe hatte der Hengst einen ausgezeichneten Rücken und Kreuz, einen außergewöhnlich langen Hals, einen kleinen, trockenen, edlen Kopf, den er immer senkrecht hielt, mit großen, klaren, lebendigen Augen und wohlgestellten feinen Ohren, leichte, aber kraftvolle Bewegungen und ein lebendiges, aber fügsames Temperament. Bis zu seinem 14. Lebensjahr wurde er ausschließlich als Reitpferd und Deckhengst verwendet. Als er in diesem hohen Alter eingefahren wurde, wurde er bösartig anderen Pferden gegenüber. Er starb im Alter von 21 Jahren an einer Zahnerkrankung. Der "Flæbehingst" genoß ein außergewöhnliches Ansehen unter den Pferdezüchtern der Gegend (Anm.: Seeland) *und wurde viel benutzt, wodurch er Vater vieler getigerter Fohlen wurde.*

Außer "Flæbehingsten" hatte "Flæbehoppen" zwei Fohlen: einen Fuchshengst mit Blesse, der im Alter von einem Jahr starb, und von dem Hengst Cimber, einem veredelten Hengst aus Jütland, der gewaltige Kraft vererbte, ein rot meliertes Stutfohlen, das 1819 geboren wurde. Es wurde nach der Mutter "Flæbe No. 2" genannt und hatte erst zwei Fohlen, die getötet wurden, weil sie Krüppel waren, danach zwei braun melierte (Anm.: getigerte ? - der eine von diesen wurde als getigertes Postpferd aus Roskilde erwähnt) *und ein braunes, die alle im jungen Alter verkauft wurden. Endlich bekam sie 1836 ein rot meliertes Stutfohlen, das den Namen "Flæbe No. 3" bekam, von "Den Gamle Gule Knabstrupperhingst"* (Anm.: Sohn von "Flæbehingsten" aus einer Frederiksborgerstute, also Mikkel geb. 1818, zwanzig Jahre lang Stodhengst auf Knabstrup und Vater der meisten Mutterstuten auf Knabstrup). *Flæbe No. 3 lebt noch heute* (Anm.: 1854) *auf Dorotheaslyst* (Anm.: gehörte zu Gut Knabstrup) *und ist Mutter des Stodhengst "Thor". Alle Töchter dieser Stute bekamen den Namen "Flæbe", was hoffe ich weitergehen wird, wenn es auch unschön klingt, solange die Zucht auf Knabstrup besteht. [......]*

Die Pferdezucht auf Gut Knabstrup wird in erster Linie zur Aufgabe haben, die jetzt (Anm.: 1854) *über 50-jährige Pferdefamilie konstant und echt zu erhalten, aber auch diesen Stamm durch passende Anpaarungen zu veredeln, soweit dies machbar ist, ohne die Eigenschaften einzubüßen, die ihn bisher gekennzeichnet haben, d.h. Kraft gepaart mit Gehorsamkeit, vereint mit Härte und Genügsamkeit und Wohlbefinden wie auch einem hohen Lebensalter und Temperament. Vor einigen Jahren wurde das Knabstrupperblut erneuert, indem man als Deckhengst einen rot melierten Hengst von einem Bæver-Hengst* (Anm.: Der Vater des "Flæbehingsten" war auch ein Bæver.) *aus einer Knabstrupperstute verwendete. Dieser wurde aber vor drei Jahren an Herrn Proprietær Weinschenk auf Gunnerupgaard in Jütland verkauft. Danach wurden nur Thor 1847 und Frode benutzt, der erste am meisten, da er am meisten Knabstrupperblut führt, da die Mutter von Frode aus Jütland kam.*

"Gamle" Thor, geboren 1847 + Pedigree

"Gamle" Thor 1847	unge Mikkel "Den Grønne" 1840	Mikkel 1818	Hoppe fra Præst i Jylland (Fredriksborg)	Gul Hingst 1808	
				Gul Hingst 1808	
			Flæbehingsten 1813		
		Landhoppe			
	Flæbe Nº 3 1836	De gamle Gule 1828	Flæbehingsten 1813	Gul Hingst 1808	Bæver II 1782 Frb. Stute gek. 1798
				Flæbehoppen	
			Knabstrupperstute a.d. alten Stamm kupferrot mit weisser Mähne u. Schweif		
		Flæbe Nº 2 1819	Cimber fra Stensballegård (Edler Fredriksborg Typ)		
			Flæbehoppen		

Knabstrupper als Offizierspferde

Die Armee suchte für die Rekruten zwar vorzugsweise einfarbige Pferde, dennoch waren die Knabstrupper als Offizierspferde gefragt. 1848 lieferte Gut Knabstrup drei Pferde an die Remontekommission. So ritten einige dänische Offiziere in den Schleswigschen Kriegen 1848-1850 gegen Deutschland und deren österreich-ungarische Verbündete auf Knabstruppern. Leider waren sie dadurch ein leichtes Ziel für die österreichischen Scharfschützen, so daß namhafte Offiziere von ihren Knabstruppern heruntergeschossen wurden.

Hundert Jahre nach der Schlacht bei Idstedt (1850) berichtet Søren Telling über den Sohn des Hengstes Mikkel, der von General Schleppegrell geritten wurde: "*Als Schleppegrell in der Schlacht von seinem Knabstrupperhengst geschossen wurde, ging der Hengst durch und rannte westwärts durch Moor und Heide. Eingefangen wurde er in der Heide westlich vor Schuby (Skovby) und versteckt, bis Gras über die Sache gewachsen war, schließlich war es ein sehr vornehmes und seltenes Pferd, mit roten Flecken auf seinem weißen Fell. Man versprach sich viel von diesem stolzen Tier. Alle Nachforschungen von Seiten der dänischen Armee blieben erfolglos, denn es war wie gesagt ein sehr seltenes Pferd mit diesen roten Flecken, weswegen es auch gut versteckt wurde, und man sprach weder von weißen Pferden noch von roten Flecken, man verstand zu schweigen. In dieser Gegend versteht man bei solchen Gelegenheiten die Kunst zu schweigen, auch in unseren Tagen.*

Oberst Læssøe auf der Knabstrupperstute Natalie

Und so wurde es wieder ruhig, und der Hengst begann in dieser Gegend Nachkommen zu bringen. Und was für Nachkommen! Leichte, lebendige und muntere Springer, edle Tiere, die sehr gefragt waren. Sie hatten eine außergewöhnlich gute Aufrichtung und einen raumgreifenden Trab. Und überall schlug die eigentümliche Farbe des Hengstes durch.

Es gab in der Gegend viele Bauern, die mit "Schnappegral"-Tieren fuhren (mitgeteilt von v.Fehrn, Skovby). Einige von ihnen muß man erwähnen, da man ihre Namen noch kennt: Thomas Thomsen, Jess in Gl. Dannewerk, P. Dethleffsen in Skovby und Hinrich Hinrichsen Kroymann in Skovbyfelt. Um 1909-10 fuhr oben erwähnter P. Dethleffsen weiterhin mit einem solchen direkten Nachkommen dieses Knabstrupperhengstes.

Diese Pferde waren überall bekannt und begehrt, und der Name von Schleppegrell wurde dadurch in dieser Gegend lebendig gehalten, auch wenn es oft wie "Schnappegral" ausgesprochen wurde. Der Ruhm dieser Pferde lebt in dieser Gegend weiter und bringt die Augen pferdenärrischer Greise zum Strahlen."

In der Schlacht bei Idstedt ritt Oberst Læssøe ebenfalls einen Knabstrupper. Er ritt die Stute Natalie und fiel im Kampf bei Grydeskov. Danach wurde Natalie für die restlichen Kriegsjahre Reitpferd von General de Mezza. Nach dem Krieg kehrte Natalie zurück zum Gut Knabstrup und wirkte dort in der Zucht. Als sie Hengstmutter wurde, bekam ihr Sohn den Namen - wie konnte es anders sein - "Læssøe".

Die Söhne Knabstrups ritten auf Natalie zur Schule und konnten sich gut an sie erinnern, als Professor Irminger um die Jahrhundertwende das hier gezeigte Bild von Oberst Læssøe auf Natalie malte. Auf Grundlage von ihren Erinnerungen und anderen Pferden aus dem Stall wurde Natalie rekonstruiert, während einer der Lunn-Söhne im Hof von Knabstrup Modell ritt.

Ein weiterer Knabstrupper, der bei der Armee Karriere machte, war der Wallach Kragelund. Er war bei der berittenen Leibgarde, die 1866 aufgelöst wurde, und wurde danach aufgrund von langen und treuen Diensten zur Artillerie versetzt, wo er sein Gnadenbrot genoß. Christian IX., selbst ehemaliger Garde, hatte eine besondere Vorliebe für dieses Pferd. Wenn er den ihn reitenden Offizier mochte, ging Kragelund bei Paraden an der Königsloge in der Passage vorbei. Andernfalls hatte der ihn reitende Offizier gerade an dieser Stelle arge Schwierigkeiten mit dem Pferd, weshalb der König zu sagen pflegte: "Jetzt freue ich mich, dieses Pferd Kragelund zu sehen."

Später bei der Artillerie wurde Kragelund auch zum Manöver mitangespannt. Als der Kutscher einmal eine Abkürzung nehmen wollte, fuhr er sich in einem Graben fest. Als ein Offizier, der Kragelund kannte, vorbeikam, sagte er zum Kutscher, er solle Kragelund Kautabak geben. Was die übrigen fünf Pferde nicht geschafft hatten, gelang Kragelund, nachdem er genüßlich seinen Kautabak vertilgt hatte. Er zog die Kanone und die übrigen Pferde aus dem Graben heraus und gelangte pünktlich ans Ziel.

Das Ende von Gut Knabstrup

Als Sigismund Lunn 1870 die Leitung von Gut Knabstrup übernahm, waren nur noch wenige Zuchttiere getigert. Diese waren auch gröber geworden, aber da sie vom alten Stamm waren, wurden ab und zu getigerte Tiere geboren.

An einem Sommerabend im Jahr 1891 schlug während eines Unwetters der Blitz in den reetgedeckten Pferdestall auf Knabstrup ein, wodurch 22 Zuchttiere starben. Nur ganz wenige Tiere des alten Stammes wurden gerettet. Sigismund Lunn züchtete mit den übriggebliebenen Pferden weiter, indem er Knabstrupperhengste aus fremdem Besitz verwendete.

Es war fast ein Wunder, als 1897 ein schwarzgetigertes Stutfohlen zur Welt kam. Es wiederum wurde Mutter eines braungetigerten Hengstes, Thor IV, der viel benützt wurde, wonach wieder mehr getigerte Fohlen auf Gut Knabstrup das Licht der Welt erblickten. Die meisten aber waren weiterhin einfarbig.

Das Erbe von Gut Knabstrup

Natürlich hatte die Zucht auf Gut Knabstrup auf das lokale Zuchtgeschehen stark abgefärbt. So gab es auch außerhalb von Gut Knabstrup viele Pferde, die aufgrund ihrer Abstammung und ihrer Farbe als Knabstrupper bezeichnet wurden.

Die Stute Tulle, geboren 1924 auf Gut Knabstrup

Der letzte bedeutende Hengst auf Gut Knabstrup war Mikkel, geb. 1919. Seine Mutter war eine Brauntigerstute aus dem Stutenstamm von Gut Knabstrup, sein Vater war der Hengst Thorssøn von Thor IV. Daher wäre es naheliegend zu vermuten, daß es auf Gut Knabstrup auch einen Thor III. und Thor II. gegeben haben kann, die auf Gamle Thor, geb. 1847, und damit in direkter Linie auf den Flæbehengst zurückgingen. Dies ist jedoch ebenso wenig nachweisbar wie die Variante, daß Thor IV der Sohn des in Privatzucht befindlichen Thor III., geb. 1882, gewesen sein soll, dessen Vater Thor fra Krøjerup (1871) von Thor fra Jernløse von Bæver II. (1852) auf Løvenborg war. Sicher ist jedoch, daß das Blut von Gamle Thor als Hauptbeschäler seiner Zeit über die Stutenlinien in den Adern von Mikkel 1919 fließt.

Es gibt Vermutungen, daß Mikkel 1919 der Vater von Silverking I. gewesen sein könnte, so daß hier eine direkte Verbindung zum Flæbehengst vorhanden wäre. Mit Sicherheit wissen wir jedoch, daß Mikkel 1919 der Vater der weißgeborenen Stute Tulle war.

Tulle, geb. 1924, von Mikkel 1919 aus der Fanny, war das letzte bedeutende Pferd, das man auf Gut Knabstrup züchtete. Sie wurde verkauft. Bei ihrem ersten Besitzer Carl Vilhelm Jensen wurde die Stute von dem Oldenburger Hengst Othello (geb. 1926) gedeckt und bekam aus dieser Anpaarung im Jahr 1930 den Hengst "Plet" und im Jahr 1932 den vermeintlichen Hengstlinienbegründer Thor Udeby.

Danach kam sie in den Besitz von Theodor Jensen, der sie von dem getigerten Frederiksborgerhengst Sheiken (geb. 1932), der selbst viel Knabstrupper-Blut führte, decken ließ, wonach im Jahr 1937 der Hengstlinienbegründer Hermolin das Licht der Welt erblickte.

Durch ihre drei Söhne bekam Tulle eine ähnliche Bedeutung für die neuere Zucht wie die Flæbestute es für die Zucht auf Gut Knabstrup hatte.

Hengstlinie Hermolin

Die bedeutendsten Hengste in der Hermolin-Linie wurden Ibrahim Skærdal KNN 27 und Bobby DSA 323. Ibrahim Skærdal KNN 27 wurde Vater von sechs Söhnen. Sein wichtigster Nachkomme aber war die Stute Fine KNN 1014 aus der Stute Spæt, im Besitz von Alex Rasmussen. Fine KNN 1014 brachte siebzehn Fohlen zur Welt, davon drei gekörte Söhne von Bobby DSA 323. Die bedeutendsten waren Kronplet KNN 9 (Vater von Thunder Cloud KNN 65, der wiederum fünf gekörte Söhne hatte) und Tarzan KNN 27 (dessen elf Söhne als Reitpferde so gefragt waren, daß sie kaum Gelegenheit hatten, in der Zucht Bedeutung zu erlangen).

<table>
<tr><td rowspan="8">HERMOLIN GEB. 1937</td><td rowspan="4">Sheiken, geb. 1932
Knabstrupper-Farbe
Knab.</td><td rowspan="2">Zarif Skellingsted, reg. 133 **Frb.**
geb. 1928, Knabstrupper-Farbe</td><td>Zarif Sejer, reg. 82 **Frb.**</td></tr>
<tr><td>Stella, geb. 1917 **Knab.**
(M. Ellen, geb. 1913, Knab.)</td></tr>
<tr><td rowspan="2">Lise **Knab.**
Knabstrupper-Farbe</td><td>Zarif Rækmark, geb. 1913 **Frb.**</td></tr>
<tr><td>Lotte **Knab.**
(siehe Abst. Silverking)</td></tr>
<tr><td rowspan="4">Tulle, geb. 1924
auf Gut Knabstrup
Knab.</td><td rowspan="2">Mikkel 1919 **Knab.**</td><td>Thorssøn **Knab.**
(V: Thor IV)</td></tr>
<tr><td>braungetiegerte Stute **Knab.**</td></tr>
<tr><td rowspan="2">Fanny **Knab.**</td><td>Frode auf Gut Knabstrup **Knab.**</td></tr>
<tr><td>Knabstrupperstute **Knab.**</td></tr>
</table>

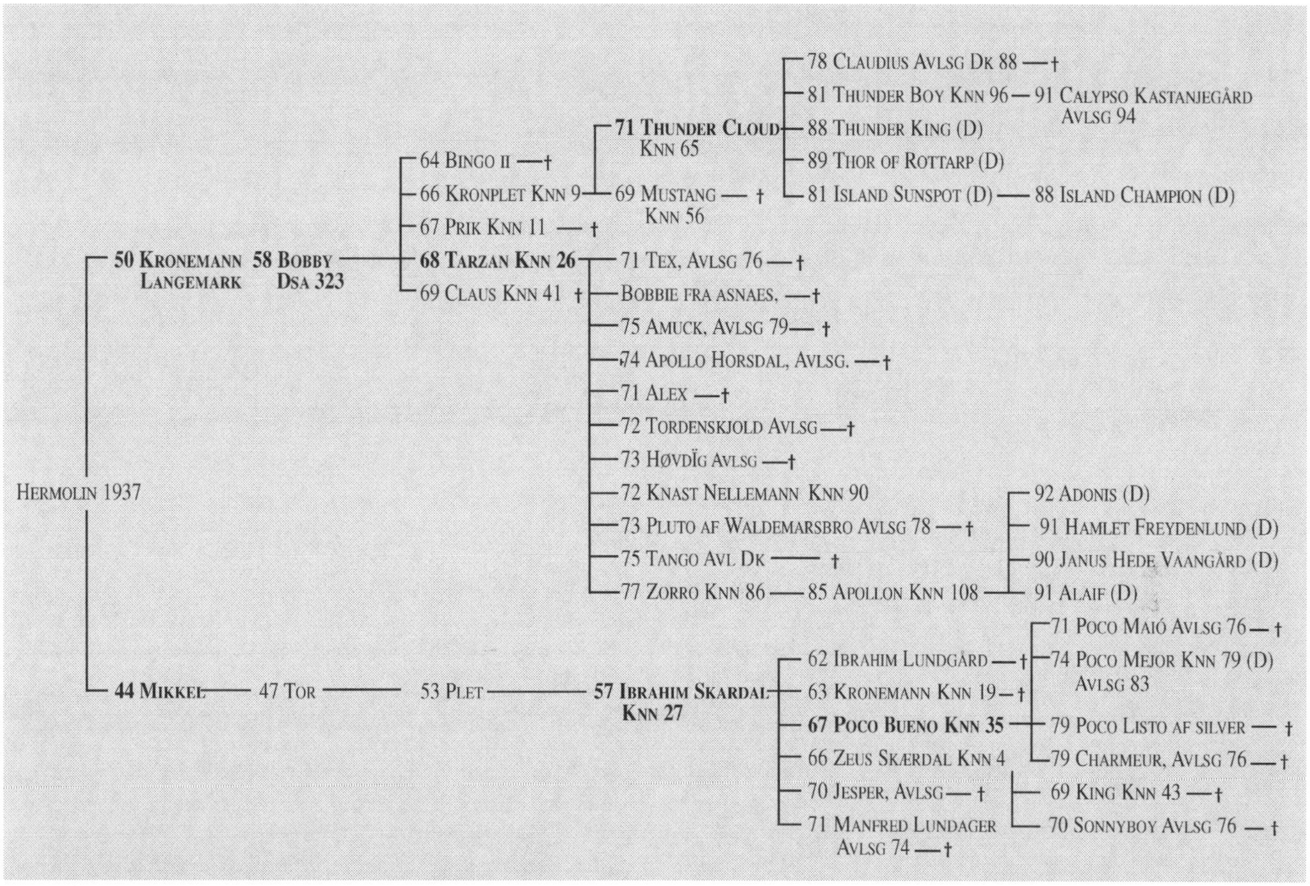

Der Hengst Hermolin (links) und die Stute Grethe (rechts), gehalten von Frank und Ejvin Nielsen.

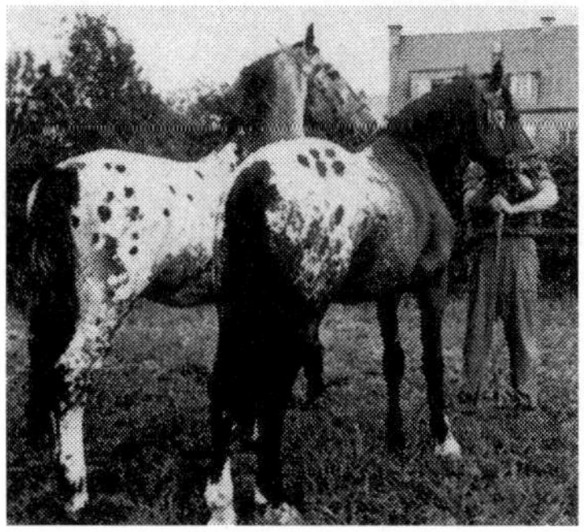

Mikkel, geb. 1944

Fine KNN 1014 mit Fohlen, das später nach Australien verkauft wurde.

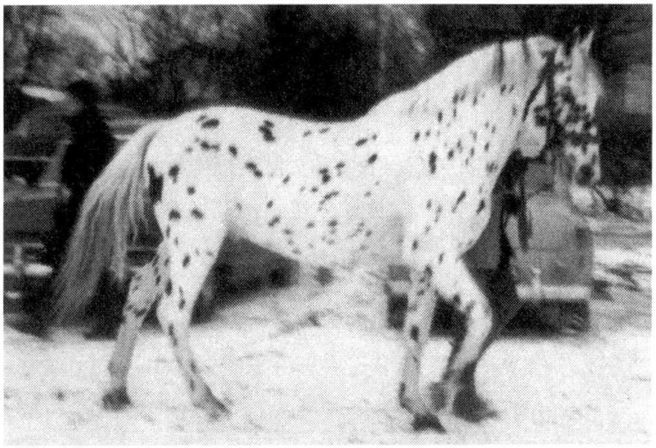
Bobby DSA 323

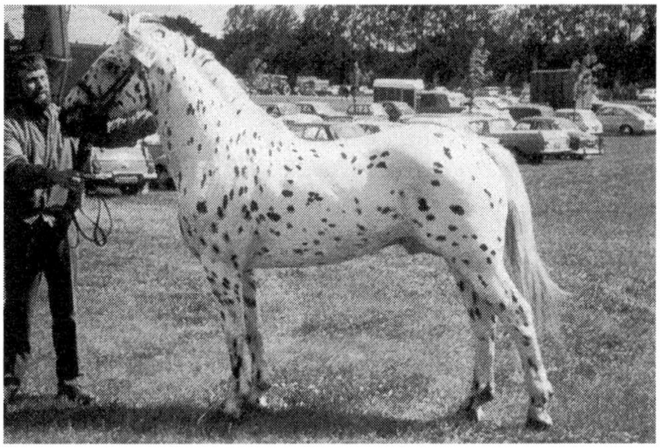
Tarzan KNN 26 und Alex Rasmussen

Thunder Cloud KNN 65

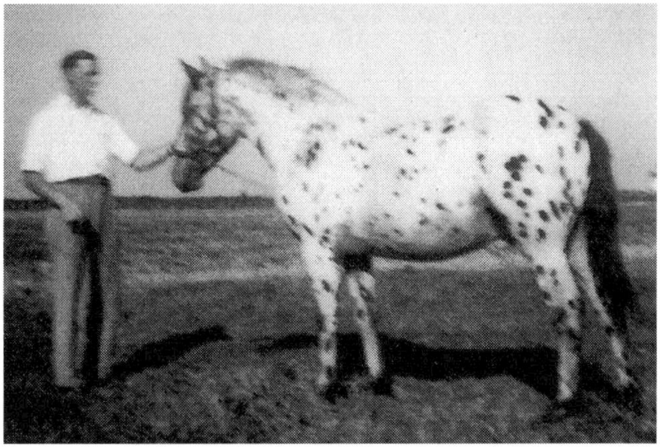
brahim Skærdal KNN 27

Poco Bueno KNN 35

Kronemann Langemark

Hengstlinie Thor Udeby/ Hugin

Die Thor Udeby-Linie ist nicht 100%-ig nachweisbar, da es nicht zu belegen ist, daß Thor II. wirklich der Vater von Smoky ist. Somit gilt eher sein Urenkel Hugin KNN 13 als Linienbegründer, da dieser neun Söhne hatte, die Nachfahren in der heutigen Zucht hinterlassen haben.

Asferg Plet KNN 2 war zu Lebzeiten mit vier gekörten Söhnen der bedeutendste, leider wurde davon keine Linie bis heute erhalten.

Aus der Mustafa-Linie trug besonders der Hengst Stjerneprinsen af Vejrup KNN 74 zum Aufblühen der Knabstrupperzucht in Deutschland bei, vor allen Dingen durch seine große Ausstrahlung wurde er zum Vorbild vieler Knabstrupperfans.

In Dänemark ist die Plet-Linie über den Hengst Rasmus af Damgård KNN 67 die einzige, die an dem Hugin-Baum noch Zweige trägt. Rasmus af Damgård KNN 67 wurde vom Blitz erschlagen, nachdem er drei Söhne in der Zucht hinterlassen hatte.

Smoky geb. 55 / Grethe 016 geb. 51	Thor II (Mikkel)	Thor Udeby 1932	Othello 1926
			Tulle 1924 auf Knabstrupp (Auch Mutter von Hermolin)
		Dunkelfuchsstute	

Smoky, geb. 1955

Hugin KNN 13 und Thage Revsgård Espersen, daneben Peder Pedersen

Thor Udeby gefahren von Niels Mortensen und Viggo Larsen als Beifahrer, Vorsitzender des Vereins zur Förderung der Knabstrupperzucht.

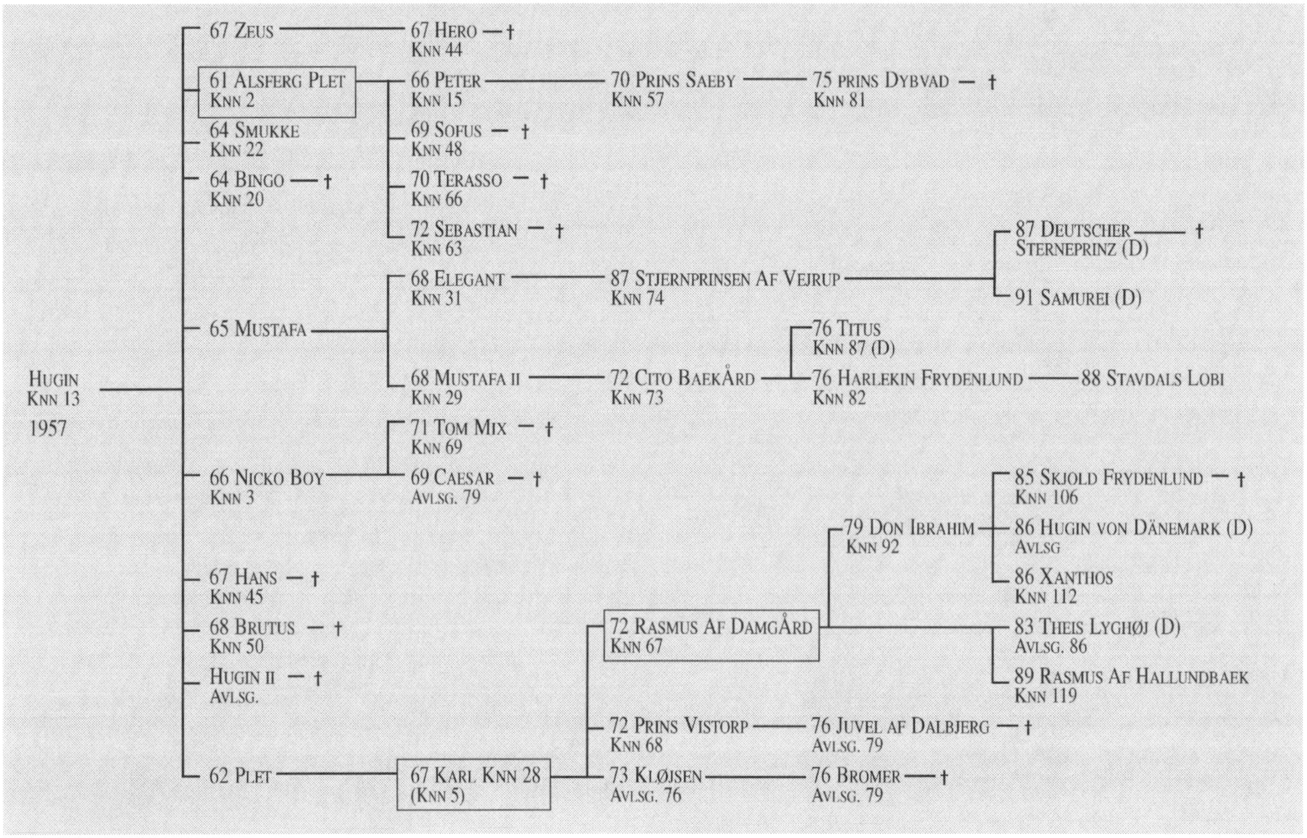

Asferg Plet KNN 2

Karl KNN 5 / KNN 28

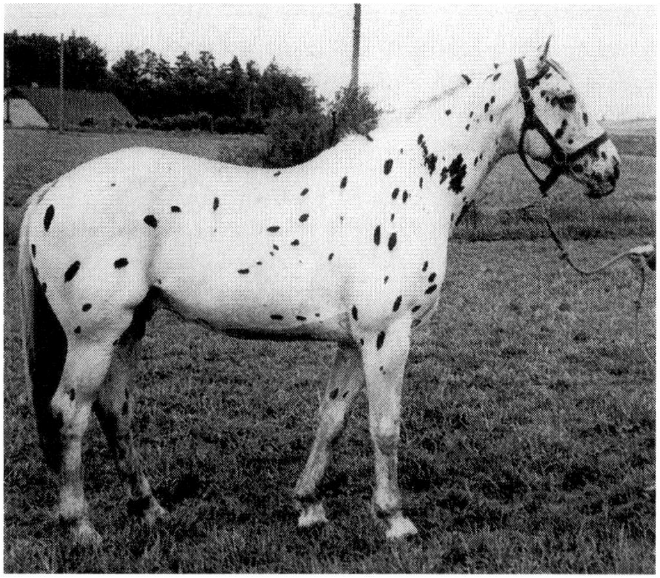

Rasmus af Damgård KNN 67

Stuten auf Egemosegård

Herman Nielsen und C.N. Ledager

Hengstlinie Silverking

Am 21. November 1947 wurde unter der Leitung von Viggo Larsen in Holbæk ein Verein zur Förderung der Knabstrupperzucht gegründet, dessen Zentrum Egemosegård nahe Hørby auf Tuse Næs bei Holbæk war. Herman Nielsen und Landesrechtsanwalt C.N. Ledager hatten dort einen Stutenstamm von Thor Udeby aufgebaut.

Als Hengste benütze er "Max Bodilskær" und "Silverking II". Max Bodilskær stammte von Bornholm, wo bereits 1932 ein Verein zur Förderung der Knabstrupperzucht gegründet worden war. Im Mittelpunkt des Vereins stand der getigerte Frederiksborgerhengst "Max Vennerslyst", dessen Mutter Knabstrupperblut führte und der Vater von Max Bodilskær wurde.

Obwohl Silverking II Schimmeltiger war, was eine Zeitlang ein großes Problem in der Zucht wurde, heute aber mittlerweile ganz herausgezüchtet ist, wurde er würdiger Stammvater der dritten Hengstlinie, die bis heute bewahrt ist.

Über die Herkunft von Silverkings Vater gibt es einige Unklarheiten und verschiedene Meinungen, die sich aber nicht unbedingt widersprechen, sondern eher ergänzen. Die einzigen gravierenden Widersprüche befinden sich im Geburtsjahr, wobei die Angabe 1928 richtig sein muß, da er 1930 in einer Zeitschrift mit Foto zum Verkauf angeboten wurde. Außerdem gibt es Uneinigkeit darüber, ob dessen Muttersvater Thor oder Leo war. Da die beiden aber Brüder waren, macht dies kaum einen Unterschied.

Max Bodilskær

Silverking II

Silverking, geb. 1932 bei Parcelist in Ruds Vedby *Silverking, geb. 1933, getigert, Besitzer: Jørgen Jørnsen, Mørkøv* **geb. 1928, stammt von einem schwedischen Gestütshengst** Silverking, weiß mit schwarzen Flecken	Knabstrupperhengst *möglicherweise Lille Mikkel getiegert, in der Gegend von Knabstrup* Knabstrupperhengst in Mørkøv	Knabstrupperhengst aus Schweden
		Knabstrupperstute
	Knabstrupperstute *getiegerte Stute in Mørkøv* **geboren auf Gut Knabstrup Lotte** Knabstrupperstuteauf Gut Knabstrup	Knabstrupperhengst Thor auf Gut Knabstrup *Ostpreusse Lautenspieler* **Leo, KN-Hengst** Leo
		Knabstrupperstute

Sollte der Vater von Silverking I Mikkel 1919 gewesen sein, wäre dessen Vater Thorssøn und nicht ein Knabstrupperhengst aus Schweden.

Der einzige Hengst, der sich in der Silverking-Linie behaupten konnte, war Molro af Thorsager KNN 1 mit sechs gekörten Söhnen.

Im Silverprins-Zweig waren bis hin zu Tornado Lyshøj KNN 85 alle Hengste Schimmeltiger. In jüngster Zeit wurde überraschenderweise ein Hengst geboren, der kein Schimmel ist und dadurch diesen Zweig weiterführen könnte.

Was aus der schwedischen Linie geworden ist, ist dem Autor nicht bekannt.

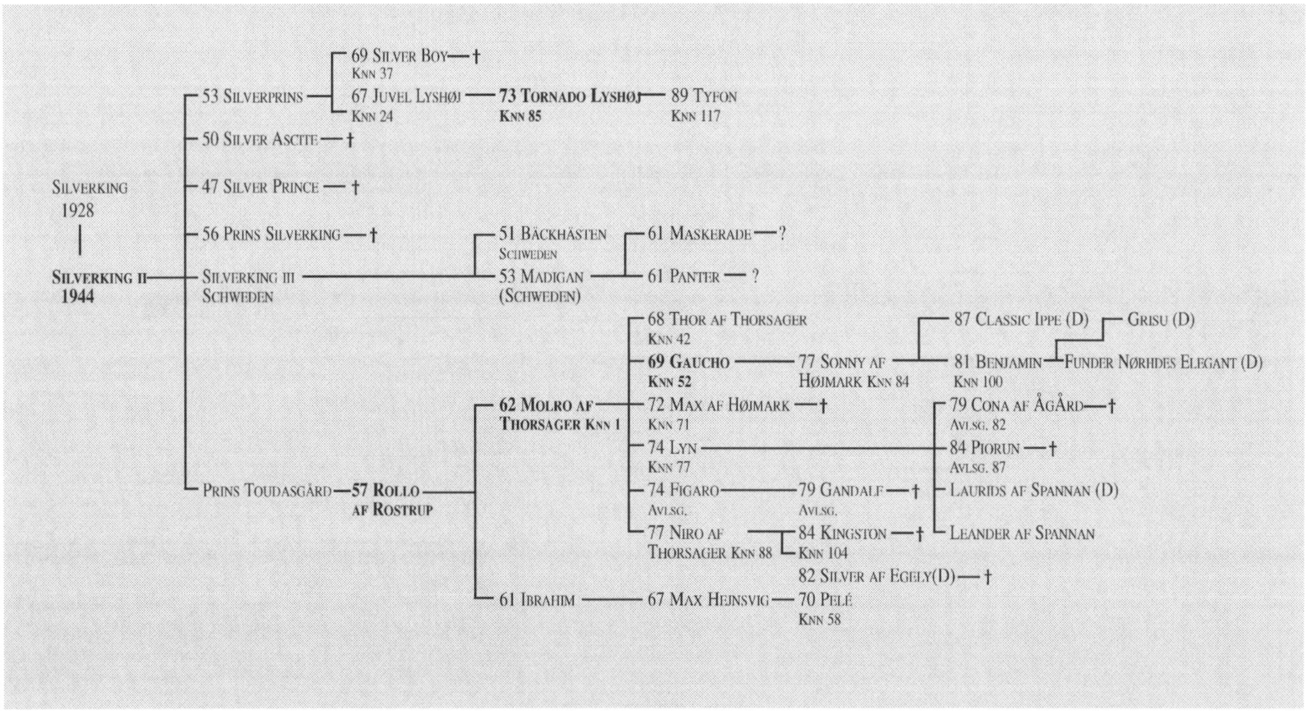

Rollo af Rostrup

Molro af Thorsager KNN 1

Gaucho KNN 52

Juvel Lyshøj KNN 24

Ein unoffizieller Sohn von Kronplet KNN 9 auf Oregaard (Verein zur Erhaltungalter dänischer Haustierrassen)

Aussterben oder Überleben?

Erst Anfang der 70iger Jahre wurde der dänische Knabstrupper-Verein landesdeckend und hieß somit "Knabstrupperforeningen for Danmark". 1970 wurden die ersten 44 Stuten erfaßt. Mittlerweile sind es über 800 Stuten, die im Laufe der vergangenen 25 Jahre eingetragen wurden.

Im dänischen Stammbuch begann die Eintragung der Stuten mit der Nummer KNN 1001 (Molly af Thorsager), bei den Hengsten begann man mit der Nummer KNN 1 (Molro af Thorsager). Viele der eingetragenen Tiere sind aber längst gestorben, da sie bei der Eintragung schon älter waren, wie z.B. Molly af Thorsager KNN 1001, die 1956 geboren war.

So schätze ich, daß es weltweit keine 600 Tiere mehr gibt. Davon haben viele keine oder nur eine mangelhafte Abstammung oder zumindest kaum Knabstrupperblut, dafür aber massive Fremdblutanteile. Es kommt in Dänemark vor, daß Tiere mit über 90% Fremdblut als Knabstrupper betrachtet werden, wobei hier kaum mehr von einer Rasse die Rede sein kann, sondern eher von einer Farbzucht. Es war in Dänemark so weit gekommen, daß es keinen einzigen Reinzuchthengst (75% Knabstrupperblut in der 3. Generation) mehr gab. Es scheint aber in dem sonst sehr kulturbewußten Volk eine Rückbesinnung in Gang zu sein, bei der die Züchter ihre Pferde als die einzigartigen Kulturdenkmäler erkennen, die sie sind.

In Anbetracht dessen, daß viele der in Dänemark unerwünschten, altmodischen Tiere mit hohem Knabstrupper-Blutanteil nach Deutschland exportiert wurden, sehe ich eine Möglichkeit in einer Zusammenarbeit zwischen Dänemark und Deutschland. Das Problem in Deutschland besteht eher darin, daß es keinen Zuchtverband gibt, der sich seriös um den Knabstrupper bemüht. Bei einigen werden sie als zahlende Beifahrer geduldet, ohne daß die Zuständigen sich ernsthaft mit den Hintergründen dieser Rasse auseinander gesetzt haben. So sind die Zustände in Deutschland trotz einiger reingezogener Tiere der alten Linien ebenfalls in einer bedrohlichen Situation.

Die mangelhaften Abstammungsnachweise der Knabstrupper sind ein weiteres Problem, das oft darauf beruht, daß man zu Beginn des dänischen Verbandes die ersten Papiere nach Überlieferungen und Gedächtnis ausstellen mußte. Hinzu kommt, daß viele Züchter - damals wie heute - die Vereinsmeierei und den Papierkrieg meiden, deren Tiere aber genauso wertvolles Knabstrupperblut führen wie die offiziell anerkannten Tiere. Leider ermöglichen nationale und internationale Zuchtregeln es nicht, die Genetik dieser Tiere offiziell festzuhalten, wobei wertvolle Abstammungen verloren gehen.

Hat man eine solche Stute erworben, empfehle ich, sie eintragen zu lassen, was leider nur im Vorbuch möglich sein wird. Man sollte sich aber trotzdem bemühen, nach ihrer Abstammung zu forschen, denn je mehr man darüber weiß, desto gezielter kann man züchten, auch wenn über dieses Wissen nicht offiziell Buch geführt werden kann.

So schlecht es auch für den Knabstrupper aussehen mag, soll dieses Buch nicht Nekrolog der Knabstrupper sein, sondern ein Ruf nach Taten, wobei ich es nicht unterlassen kann, eine Hypothese aufzustellen, wie man den klassischen Knabstrupper noch bewahren und rekonstruieren kann:

1) Reinzucht der wenigen noch vorhandenen, nachweisbaren Knabstrupper-Nachfahren.

2) Erhaltung der drei noch vorhandenen Knabstrupper-Hengstlinien, auch durch Tiere 2. Wahl, da deren Nachfahren uns in ein paar Jahrzehnten vor Inzuchtdepressionen bewahren können (im Moment durch den großen Fremdblutanteil keine Gefahr).

3) Bedeckung von weißgeborenen Knabstrupperstuten mit auserwählten Rekonstruktionshengsten, um reine Weißgeborenen-Zucht zu vermeiden und die getigerte Farbe zu erhalten, d.h. Hengste von Rassen, die mit dem ursprünglichen Knabstrupper verwandt sind und kräftige Farben vererben (Rappen, Braune und Füchse der Rassen Frederiksborger, Lipizzaner aus der Pluto-Linie oder dem Deflorata-Stamm, Andalusier aus der Karthäuser-Linie, Lusitano, Alter Real).

4) Körung von weißgeborenen Hengsten der drei Knabstrupper-Hengstlinien, um Einfarbigen in der Zucht entgegenzuwirken, damit einfarbig gefallene Stuten mit wertvollen Abstammungen bessere Chancen für getigerte Nachkommen haben.

Tips für den Kauf eines Knabstruppers

Sie haben jetzt eine Menge über den klassischen Knabstrupper gelesen und sich vielleicht dafür entschieden, einen solchen Ihr eigen zu nennen. Dazu möchte ich Ihnen einige Ratschläge mit auf den Weg geben:

Da der Knabstrupper, wie im Kapitel "Charakter und Eigenarten" beschrieben, zu Eigenarten neigt, rate ich Ihnen, eher ein rohes Tier vom Züchter zu kaufen als sich bei einem Pferdehändler ein schon verdorbenes Tier einzuhandeln. Hinterher sind Sie dann wenigstens selber Schuld!

Seien Sie sich darüber im klaren, daß es sich bei dem Knabstrupper um genetische Überreste eines alten, klassischen Reitpferdetyps handelt. Suchen Sie nicht nach Idealen, die es gar nicht gibt, immer nach dem Motto: "Denn wer sucht nach Frauen ohne Fehler / und Pferde ohne Mängel / kriegt nie ein Pferd im Stall / und nie im Bett ein Engel." Deswegen kann ich hier zwar beschreiben, wie ein gutes klassisches Reitpferd gebaut sein müßte, aber diese Gebäudezüge werden sich selten in einem einzelnen Knabstrupper vereinen.

Kruppe

1) Melonenkruppe mit nicht zu hoch angesetztem Schweif
2) Regenrinne
3) kleine, geschmeidige Winkel
4) entspannte Schweifhaltung

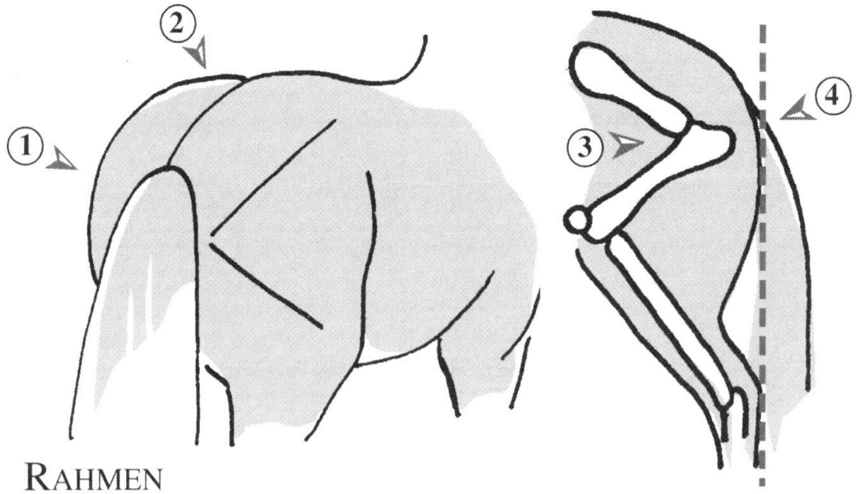

Sattellage

Der ursprüngliche Knabstrupper neigte dazu, zu wenig Widerrist zu haben, wobei der Sattel von Seite zu Seite rutscht. Im Gegensatz dazu findet man heute oft einen zu hohen, schmalen Widerrist, so daß der Sattel nach vorn rutscht und Satteldwunden verursacht. Bei solchen Pferden ragt auch oft die Schulter zu weit bis in die Sattellage zurück, so daß das Pferd sich unter dem Sattel schlechter bewegt als ohne.

Fundament

Das Fundament des klassischen Knabstruppers ist erstaunlich leicht und trocken. Schwere Beine deuten auf landwirtschaftliche Einkreuzung hin, wobei aber die Hufe kräftig sein sollten.

Grösse

Wie bereits beschrieben, hat der Knabstrupper ein Stockmaß von 155 cm +/- 10 cm. Die Größe kann aber noch mehr variieren.

Rahmen

1) Oft steht der Knabstrupper im Rechtecktyp. Hat er dazu auch flache Gänge, einen hohen Widerrist und einen tief angesetzten Hirschhals, lassen Sie die Finger davon!

2) Auch der klassische Knabstrupper steht selten so im Quadrattyp wie in dieser Abbildung. Hat das Pferd aber ansonsten Gang, Haltung und Ausstrahlung wie dieser, sollten Sie froh sein!

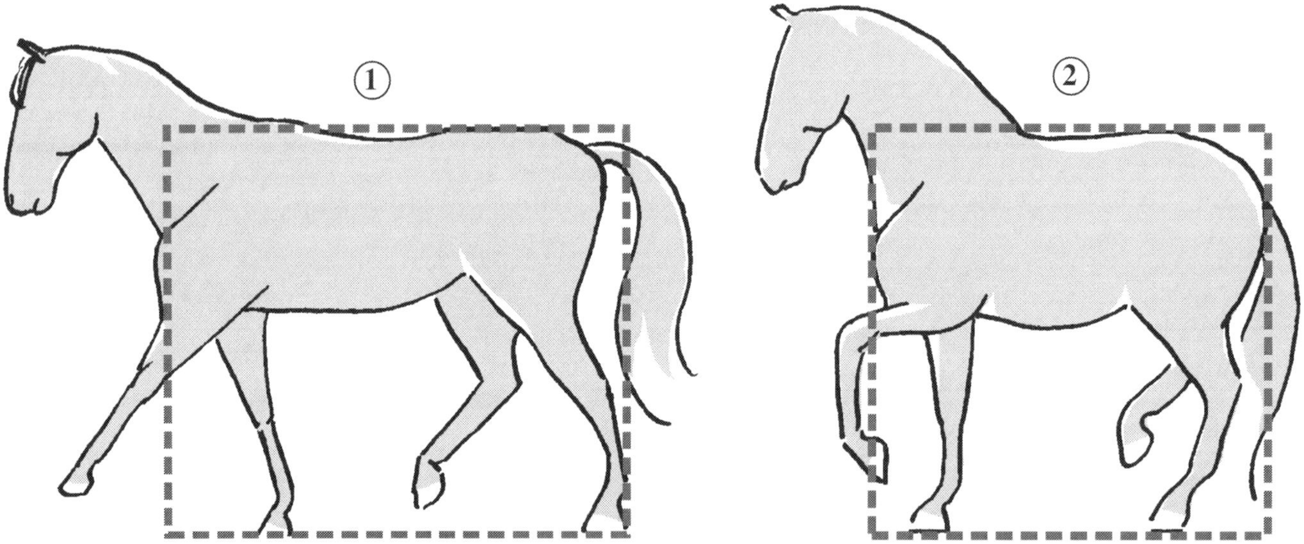

Kopf und Hals

1) kräftig bemuskelte Oberlinie
2) hohe Aufrichtung
3) gute Ganaschenfreiheit
4) Die Oberlinie des Halses geht zurück bis zum höchsten Dornfortsatz = kein Axthieb
5) Ramsnase
6) Ramskopf
7) gerades Profil

Der Knabstrupper hat niemals einen Hechtkopf.

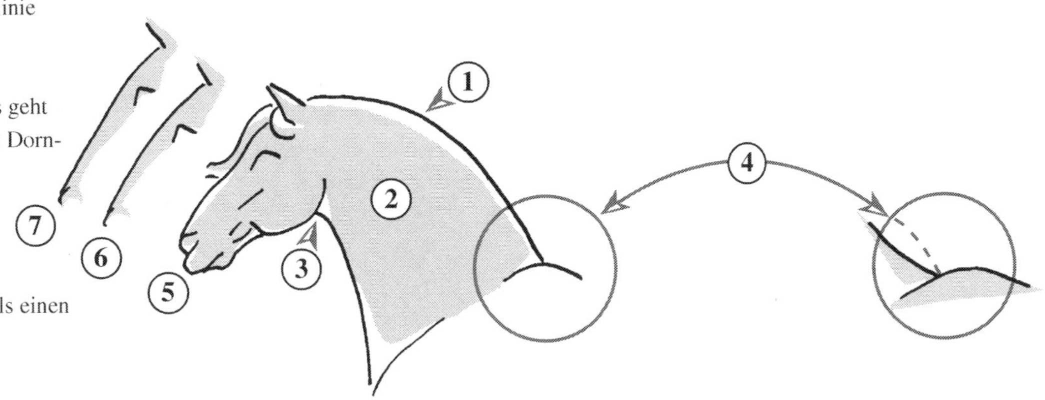

Bewegung

Im Schritt liegt die Stärke des klassischen Knabstruppers, er ist außergewöhnlich raumgreifend.

Im Trab sollte das Pferd sich hinten eher tragen als zu schieben. Der Trab sollte etwa kniehoch und raumgreifend sein. Der Galopp sollte bergauf sein.

Hufe

Die gestreiften Hufe vereinen die Geschmeidigkeit der weißen Hufe mit der Härte der schwarzen. Da diese Färbung aber Zufall ist, kann man erleben, daß ein und dasselbe Pferd verschiedene Hufe hat: einen weichen weißen, einen harten schwarzen und zwei harte und geschmeidige schwarz-weiße, wobei jeder Huf eine andere Pflege bedarf. Der weiche Huf darf nicht zu naß werden, der harte nicht zu trocken.

Rosa Haut

Der Knabstrupper hat in der Regel an den natürlichen Öffnungen melierte oder rosa Haut, die bedeutend empfindlicher ist als die normale dunkle Haut bei Pferden. Im Frühjahr muß man daher darauf achten, daß die Pferde keinen Sonnenbrand bekommen (wie auch bei Pferden mit Blesse). Kuheuter-Sonnencreme oder ganz normale Sonnencreme kann hier helfen. Halten Sie Ihren Knabstrupper sauber unter der Schweifrübe. Dreck kann hier Juckreiz verursachen, wobei das seidige Langhaar schnell weggeschubbert ist.

Langhaar

Das Langhaar der Knabstrupper ist oft seidig und bedarf einiger Pflege, um üppig zu sein. Melierte Knabstrupper neigen dagegen oft von Natur aus dazu, mangelhaftes Langhaar zu haben - deswegen bei Melierungen darauf achten.

Fell

Einige Knabstrupper haben ein metallglänzendes, im Winter aber auch sehr feines Fell. Solche Pferde eignen sich nicht für Robusthaltung, es sei denn, man kann sie entsprechend schützen.

Preis

Jedes Pferd, das günstiger verkauft wird als sein Aufzuchtpreis, sollte mit Vorsicht angegangen werden. Decktaxe, Haltung der Stute, tierärztliche Kontrolle, Futter der trächtigen und laktierenden Stute, eventuelle Komplikationen, Abstammung, Farbe, Qualität und Ausbildung kommen dann hinzu.

Papiere

Es scheint Ihnen für Ihr Reitpferd vielleicht weniger wichtig, daß dieses ein Papier besitzt. Da ich aber erlebt habe, daß z.B. Appaloosa-Traber Kreuzungen als Knabstrupper angepriesen wurden, kann ich Ihnen nur empfehlen, nach der Abstammmung des Tieres zu fragen.. Auch beim eingetragenen Knabstrupper sollte man nach dem Fremdblutanteil schauen. Vollkommen reingezogene Knabstrupper gibt es zwar nicht, aber zu große Mengen von Fremdblut von zu verschiedenen Rassen, wie Kaltblut, Vollblut, Pony und anderes Durcheinander, machen die Vererbung der Zuchttiere zu unkonstant und geben keinen Hinweis auf die Verwendungsmöglichkeiten des Tieres.

Zu Guter Letzt

Dies war die Geschichte der getigerten Pferde aus Dänemark. Die Geschichte einer Pferderasse, die höchste Glorie und tiefste Vergessenheit erlebt hat, die Könige zu Krönungen trug und den Pflug des Kleinbauern zog, deren farbenfrohe Erscheinung aber stets Beziehung zu deren Besitzern hatte. "Wie der Herr, so's Gesch'rr."

Sind Sie auch so eine farbenfrohe Natur? Dann freuen Sie sich mit mir über diese bunte Laune der Natur!

Bent Branderup

BIBLIOGRAPHIE

Den kongelige Stald Etat"
von Hjalmer Friis
Gyldendalske Boghandel - Nordisk
Forlag, Kopenhagen 1947

"Det kongelige Frederiksborgske
Stutteris Historie"
von Staatskonsulent J. Jensen
Landboskrifter August Bangs Boghandel,
Kopenhagen 1910

"Knabstrup stutteriet und dets
afstammning" von W. Lunn
A. Bangs Bogtrykkeri, Næstved 1855

"Rosenborg" von Mogens
Bencard & Jørgen Hein
Permild & Rosengreen, Kopenhagen
1991

"Appaloosa - the spotted horse
in art and history" von Francis Haines
The Meridiam Gravure Company,
Conneticut 1963

"Knabstrupperhesten"
von Forpagter Lunn
Strente Bjerg

Vortrag "Knabstrupperhesten"
von Gerda Lunn Gram
Herregårdsmuseet Hessel, 26. Juni 1991

"Frederiksborgavlen
in Danmark" von Halling Nielsen
300-Jahres Jubiläumsschrift 1990

"Lidt om Knabstruppere"
von Axel Pedersen
Riber Kjærgaard, Årskrift 1954

"Frederiksborghesten"
Det Nationalhistoriske Museum på
Frederiskborg Slot, 1981

"20 års jubilæum -
udstillingskatalog" von Merete Norring
Knabstrupperforeningen for Danmark
1991

"Frederiksborghesten", Artikel in
"Hesten II" von Statskonsulen AIF L.
Søndergaard,
København 1943

"Caballo Español, Caballo
de Reyes" von Juan Llamas
Madrid 1985

"Andalusische Pferde"
von Michael Schäfer,
München 1980

"The Royal Horse of Europe"
von Sylvia Loch
London 1986

"The Inheritance of the Leopard
Complex of Spotting Patterns in Horses"
von D.P. Sponenberg, G. Carr, E. Simak
& K. Schwink

DANKSAGUNG

Für die Hilfe bei der Entstehung dieses Buches möchte ich mich ganz herzlich bei meiner Lebenspartnerin Silke Gottschalck bedanken, da mein Deutsch ohne ihre Hilfe recht mangelhaft wäre, sowie bei Heino Hein, an dessen Computer der Text geschrieben wurde.

Weiterhin möchte ich mich bei den vielen Knabstrupperzüchtern und Freunden für konstruktive Diskussionen und Mithilfe bedanken, insbesondere bei Merete Norring, Vorsitzende des "Knabstrupperforeningen for Danmark", aus deren Archiv sämtliche alte Hengstfotos der Neuzeit stammen, sowie auch bei allen Privatpersonen, die zu diesem Archiv beigetragen haben.

Herzlichen Dank sage ich an den Königlichen Stallmeister Major Højser und die Gutsherrin auf Knabstrup, Frau Gerda Lunn Gram, für die Erlaubnis, dort zu fotografieren, was von Stig Benzon ausgeführt wurde. Für seine guten Aufnahmen möchte ich ebenso danken wie für die Fotos von Nicole Sachs, der hervorragenden Pferdefotografin.

Bent Branderup

Reiten auf Kandare

Die Kandare ist in Reiterkreisen beliebt und umstritten. Dient die Kandare in der geschulten Reiterhand der Hilfenverfeinerung, kann sie, von einem ungeübten Reiter eingesetzt, großen Schaden anrichten. Der Autor Bent Branderup gibt einen Überblick über die Geschichte der Kandare. Er beschreibt die Ausbildung des jungen Pferdes bis zur Kandarenreife und führt den Leser sachkundig in die Lektionen der hohen Schule ein. Wie eine Kandare wirkt, was für Kandarenformen es gibt und wie hoch der Leistungsstand des Reiters sein muss sind weitere Themen dieses anschaulich illustrierten Sachbuchs.

96 Seiten | gebunden | ISBN 978-3-8404-0002-5

Petra van Heuvel

Friesenpferde

Die Friesenpferde haben ihren Siegeszug durch Europa erfolgreich absolviert. Waren sie früher reine Kutschpferde, sind sie heute als Reitpferd beliebt und eng mit der Barockreitszene verbunden. Die „schwarzen Perlen Frieslands" bestechen durch ihre majestätische Ausstrahlung und ihre Menschenfreundlichkeit. In diesem Buch erfahren Sie alles über ihre Geschichte, deren Verwendung als Fahr- und Reitpferd, und bekommen wichtige Haltungs- und Pflegehinweise.

80 Seiten | gebunden | ISBN 978-3-8404-0032-2

CADMOS

www.cadmos.de

Brigitte Millán-Ruiz

Doma Vaquera

Die Doma Vaquera ist die traditionelle Arbeitsreitweise der spanischen Hirten und ist Kernstück der sogenannten „Iberischen Reitweisen". Somit findet auch die derzeitig sehr beliebte Disziplin der „Working Equitation" ihren Ursprung in der Doma Vaquera. Das Ziel dieser Arbeitsreitweise ist die schrittweise Entwicklung vollständiger Harmonie zwischen Reiter und Pferd, die mit einem Minimum an Hilfen auskommt. Dieses Buch erzählt nicht nur die Entwicklungsgeschichte der Doma Vaquera, sondern beschreibt auch ausführlich die Ausbildung eines Doma Vaquera Pferdes.

144 Seiten | gebunden | ISBN 978-3-8404-0014-8

Philippe Karl

Irrwege der modernen Dressur

Quo vadis, moderne Dressur? Philippe Karl, renommierter Reiter, Autor und Kritiker des heutigen Dressursports zeigt in seinem Werk die Irrwege, auf denen sich die Reiterei derzeit verläuft. Dabei betrachtet er sorgfältig verschiedene Ansätze der Dressur von FN-Richtlinien über La Guérinière bis Baucher, stellt sie gegenüber und zeigt Lösungswege aus dem Dilemma, in dem sich der Sport oftmals befindet.

160 Seiten | gebunden | ISBN 978-386127413-1

ebook

Francois Robichon de la Guérinière

Barockes Reiten

Die Lehren des klassischen Reitmeisters Francois Robichon de la Guérinière (1688-1751) sind aktuell wie nie zuvor.Die Barockpferderassen - Andalusier, Lipizzaner, Friesen, Knabstrupper und ihre Verwandten - erleben eine Renaissance und mit ihnen kommt das Interesse an der klassischen Reitkunst - oder andersherum.

Guerinière lehnt Zwangsmittel ab. Er setzt bei der Schulung des Pferdes auf das Verständnis seiner körperlichen und psychologischen Gegebenheiten und befürwortet eine langsame und gründliche, die auf das Wesen jedes einzelnen Pferdes eingeht.

128 Seiten | gebunden | ISBN 978-386127424-7

Cadmos Verlag GmbH | Röntgenstraße 24 | D-21493 Schwarzenbek | Tel. +49 (0)4151/87907-0 | Fax +49 (0)4151/87907-12

CADMOS

FSC
www.fsc.org
MIX
Papier | Fördert gute Waldnutzung
FSC® C083411

Kolibri 360 GmbH
Ferdinand-Jühlke-Straße 7
99095 Erfurt, Deutschland
produktsicherheit@kolibri360.de